天竺葵
初学者手册

GERANIUM
A BEGINNER'S GUIDE

新锐园艺工作室　组编

中国农业出版社
北京

目录
CONTENTS

PART 1

天竺葵是什么样的植物

很少有植物能像天竺葵一样吸引我们的目光,它就像一个天生的舞者,总是那么光彩夺目。春季或夏季到欧美去旅行,可以看到街头巷尾到处都开满漂亮的天竺葵花朵,装饰着窗台和街道。

在我国,越来越多的人喜欢天竺葵,它们非常耐旱,冬季如果能保持适宜的温度,可以终年开花。夏季凉爽而干燥的地区,非常适合天竺葵生长,这也就是为什么天竺葵会成为很多海外街拍主角的缘故。

天竺葵株型大小容易控制,不仅可以室内盆栽,也很适合窗台的条盆、吊盆和大型组合盆栽。有部分耐热的品种,还可以种植在庭院中。

个头较高的品种种植在大盆里或作为花坛的背景,应用的方式多种多样。即使小小一株矮生品种,也可以把阳台装扮得漂漂亮亮。

天竺葵概述

天竺葵的身份小卡片
- 科／牻牛儿苗科
- 属／天竺葵属
- 园艺分类／宿根花卉
- 原产／南非，在欧美经过多年杂交而成

通常我们说的天竺葵都是指这类直立生长的的马蹄纹天竺葵

天竺葵是牻牛儿苗科宿根花卉，原产于非洲南部开普敦好望角地区，原生种大约有200多种，我们常见的天竺葵，基本上是从南非天竺葵原生种马蹄纹天竺葵（*Pelargonium zonale*）和小花天竺葵（*Pelargonium inquinans*）改良而来的园艺杂交种。马蹄纹天竺葵顾名思义，叶片上有像马蹄一样的花纹，很多园艺种的叶片上也可以看到这个特征，这表明该品种继承了较多马蹄纹天竺葵的血统。而小花天竺葵的花色血红，在天竺葵大家族中有着很多花色艳丽的红花品种，这些天竺葵多半继承了小花天竺葵的血缘。

观花天竺葵主要品种有菊叶天竺葵、盾叶天竺葵（又名常春藤天竺葵）、帝王天竺葵和香叶天竺葵等。

天竺葵的分类

天竺葵的种类繁多，园艺品种多达2 000种以上，花的颜色非常丰富，常见有红色、粉色，白色、紫色、绿色，近年来还有黄色天竺葵问世。形态也各异，分直立生长型和匍匐垂吊型，有的花朵硕大成球，有的重瓣似玫瑰，还有的花形似郁金香、康乃馨。

通常根据观赏部位，可以分为观花天竺葵和观叶天竺葵；根据花期可以分为四季开花型和一季开花型；根据植株长势可以分为矮生、迷你、中等和高大型。除去原生品种，国际上对主要的栽培品种根据生长特性，通常把天竺葵分为 4 大组群，即马蹄纹天竺葵、盾叶天竺葵、帝王天竺葵、香叶天竺葵。

组　群	亚　群	代表品种
马蹄纹天竺葵组群	基本亚群	国王、任先生
	彩叶亚群	三色旗、珍珠
	星状花/枫叶亚群	小红枫
	手指花亚群	顽童
	特殊花型亚群（康乃馨花型、郁金香花型、玫瑰蕾花型、仙人掌花型）	苹果碗、朱红玫瑰蕾
	矮生亚群	重彩安
盾叶天竺葵组群	基本亚群	洛丽塔、龙卷风
	彩叶亚群	金脉纹迷你蔓天
帝王天竺葵组群	大花亚群	帝国、茉莉
	天使亚群	双色、酒红
香叶天竺葵组群		玫瑰天竺葵

在国内马蹄纹天竺葵别名为臭牡丹、臭绣球，这是因为天竺葵过去的品种有一种独特的腥臭气，这种气味在折断枝条、损伤叶片时特别明显，很多人不喜欢这个味道，其实这是植物的一种自我保护措施，这种腥臭气可以驱赶很多啃食性的害虫。近年来新品种改良上特别注意了去掉味道，如今天竺葵的腥臭味已经明显减轻，几乎不存在了。

马蹄纹天竺葵

这个组群的天竺葵品种最为丰富，大多数品种具有四季开花的特性，只要温度适合，可以常年开花。色彩也是最为丰富的，有红、白、紫、绿、粉、橘、鲑红和黑红色，近年来还培育出黄色品种，可以说除了蓝色，其他色系马蹄纹天竺葵都有，在单色的基础上，还有复色镶边、喷砂和斑点，这更丰富了天竺葵的色彩；花形方面，有单瓣、半重瓣和完全重瓣形（玫瑰花形），还有异形的星状花、康乃馨花形、郁金香花形和仙人掌花形。叶形、叶色方面也是丰富多彩，有彩色圆形、枫叶形、手指形。包括：

基本亚群

这是最常见的天竺葵品种亚群，也就是花友们通常所起的直立天竺葵，圆形叶，中心有马蹄形圈纹，也有的没有。伞状花序聚集成球，有单瓣、半重瓣和完全重瓣。

彩叶亚群

这个亚群的天竺葵是指叶色和叶纹不是单一绿色的天竺葵，虽然盾叶天竺葵、帝王天竺葵、香叶天竺葵也会有少量彩叶品种，但大多数的彩叶品种出自于马蹄纹天竺葵。

这类天竺葵大部分花是单瓣花，叶

比花娇，观叶为主，特别在冬季或初春低温时期，天竺葵花大量减少时，分外迷人的叶片将增加其观赏性。也有少量花叶俱美的重瓣品种，属于珍品，但由于叶片中叶绿素的缺失，生长较绿叶品种缓慢，花量都不大，对冷热的耐受程度也不如绿叶天竺葵，也就是我们通常说的"娇气"品种，容易受冻害，不太容易过夏。

常见的彩叶天竺葵有银边叶、三色叶、蝴蝶叶、金色叶、黑色叶和古铜色叶。

星状花/枫叶亚群

这类天竺葵也就是我们常说的枫叶天竺葵，为马蹄纹天竺葵的杂交变异，叶片得名来源于它的花形，单瓣花5瓣，上面2瓣较下面3瓣窄，尖尖的花瓣组成的花形好似星星一般，现在也有大量的重瓣品种问世，花形貌似天空中绽放的礼花。第一个为大家熟知、普及的星状花天竺葵品种是"百年温哥华"，其叶色在春、秋、冬三季呈现如秋日枫叶般的红色，叶形酷似枫叶，故大家称其为枫叶天竺葵，后来对其他星状花天竺葵也习惯称之为枫叶天竺葵。

手指花亚群

这类天竺葵和星状花天竺葵一样是马蹄纹天竺葵基因变异产生的，它的叶片有深深的叶裂，整个叶片像五指张开的手掌一样，花瓣细长窄小，它的栽培历史并不长久，品种较星状花天竺葵少。

马蹄纹天竺葵的标准特征

花

伞形花序，小花
数朵甚至数十朵

植株

直立，整
体呈圆形

茎

茎秆直立，
汁液较多，基部
木质化

叶片

叶互生，具有
浅裂的圆形叶片，
中间有马蹄形环

马蹄纹天竺
葵的花朵

各种各样的
彩叶天竺葵
组合

盾叶天竺葵

盾叶天竺葵也叫常春藤天竺葵、垂吊天竺葵、蔓性天竺葵，源于南非开普敦地区。其枝条细长，能沿着树枝和支撑物向上攀缘高达2米。

盾叶天竺葵的叶片像常春藤一样呈五角星形，有的叶片中央有深褐色环状纹，比直立天竺葵叶片厚重，呈革质感，没有腥臭味，反而有淡淡的清香，也有单瓣花、重瓣花。

花量大，在温度适宜地区可以全年开花，花色也是非常丰富的，红色、紫色、粉色、白色，深浅不一，而且镶边、条纹品种较多。其蔓具匍匐生长的特性，可以垂吊生长，也可以给予支撑物攀爬或作为匍匐生长的地被植物，应用非常广泛，适合种植在吊篮、半壁盆、长条盆中进行立体绿化，很容易开成花球、花瀑、花墙，这也是它成为欧洲阳台、窗台主流植物的原因。

我国南方地区夏季高温多雨，吊篮和半壁盆放置在通风避雨的屋檐下，就很容易度夏，并且叶片表面蜡质层越明显，越耐高温和干旱。

盾叶天竺葵的标准特征

叶片

叶片5浅裂，肉质，具有革质光泽

香气

几乎没有香气

植株

分枝多，枝条伸展较长

茎

茎细，多汁，垂吊生长

花

伞状花序，5~10朵小花聚成球形，有单瓣和重瓣，上面2片花瓣有脉纹

单瓣盾叶天竺葵

重瓣盾叶天竺葵

帝王天竺葵

帝王天竺葵主要包括大花天竺葵和天使天竺葵。

大花天竺葵

又名蝴蝶梅天竺葵、茶香天竺葵、洋蝴蝶天竺葵，由原产于南非开普敦地区的帝王天竺葵原生种自然杂交后改良而成，株型比马蹄纹天竺葵高大，生长迅速，花朵大，春季成簇成团大量开放，非常壮观。大部分大花天竺葵需要在冬季完成低温春化，翌年 4~6 月大量开放。现在也有很多品种不需要低温春化，如 PAC 公司出品的糖果系列。叶片有茶叶一样的清香，因此得名茶香天竺葵。

本群的天竺葵在 6 月末花期结束后需要回剪、换盆，充分补充水肥，放置在户外的日照良好处管理，秋季就可以长成大株，冬季放入温室或室内保温，第二年春季就可以欣赏到爆盆的花朵了，值得尝试。

天使天竺葵

这类天竺葵叶小，茎秆较细，可以当成垂吊植物来养。花期只有春天一季，花小且精致，花量很大。通过打顶比较容易打造出漂亮的花球。其中，天使之眼就是这类天竺葵的代表品种。另外，有些天使天竺葵品种不需要低温春化，但经过低温春化，开花量会更大。

帝王天竺葵的标准特征

花
花朵巨大，带
有喇叭形，很像杜
鹃花，成簇开放

香气
清新
的茶香

茎
直立，多
汁，成株基部
木质化

植株
丰满，圆球
形，天使之眼有
下垂性

叶片
圆形或心形，边
缘具尖齿，叶片皱，
不具有马蹄纹

— 秋季将大花天竺葵花苗种植到 24~30 厘米直径的大盆里，第二年成为大株，满株开花时十分壮观

开满阳台的大花天竺葵

开成花球的天使天竺葵

花量极大的天使天竺葵

香叶天竺葵

香叶天竺葵的叶片具有独特的香味，是可以欣赏香味和利用叶片做香料的一个种群，现在已有 50 多个园艺栽培种。

香叶天竺葵叶片的形状和香气千奇百怪，但是花却小而黯淡。和帝王天竺葵一样，它们的花期也只是春天一季，但多数具有花叶俱美的特征。

香叶天竺葵中最有名的当属以下几个品种：

驱蚊草

又名柠檬天竺葵，香气浓郁，因为含有可以驱除蚊虫的芳香醇，所以常被放在阳台上作为夏季驱蚊植物。

玫瑰天竺葵

可提取天竺葵精油的主要品种，有着类似玫瑰的香气。

薄荷天竺葵

叶片肥厚有毛，具清爽的薄荷香。

苹果天竺葵

具淡雅的苹果香，花色也很好看。

香叶天竺葵的标准特征

花

花小，常白色和粉色，根据品种不同，有各种形状和颜色

香气

几乎都有的香气

叶片

根据品种不同，有各种形状

植株

通常是直立，少数会蔓生

茎

直立,基部木质化

在国外经常可以看到把玫瑰天竺葵放在家门入口处，这样进出家门时，可以随手抚摸，甚至不小心碰触到也可以闻到清新美好的香气。

另外，还可以把叶片干燥后放入红茶中，品尝别具一格的天竺葵香红茶。较为适宜的是玫瑰和柠檬香气的天竺葵类别。

香叶天竺葵多数花色素雅，偶尔也有艳丽的品种，可以用作组合盆栽

天竺葵的运用

条盆+窗台

　　天竺葵非常适合种在条盆里装点窗户。在夏季干燥的欧洲地区，天竺葵的条盆种植效果非常壮观，夏季高温高湿的地区，可以选择具有耐热性的 F_1 代品种，从 4 月开始栽培，一直开放到晚秋，摘除残花之后，不要忘记施肥。

吊篮+栅栏

　　天竺葵也很适合种花吊篮中，把轻盈的吊篮悬挂在栅栏上，无论是开爆的大花篮还是令人眼前一亮的小花盆，都给栅栏增添了色彩。

墙面+半壁盆

很多天竺葵爱好者会收集大量的天竺葵品种，使用半壁盆把它们悬挂在墙壁上展示，就像巨幅壁画一样壮观。

花球+街道

　　天竺葵抗病、耐旱、花期长，是非常适合用于街道绿化的植物。特别是春光烂漫时，美丽的天竺葵开成大大小小的花球，在街头巷尾呈明星般存在。

花盆+组合

　　天竺葵花期长，颜色丰富，适用于组合盆栽，既可以把几种不同的天竺葵组合到一起，也可以和其他观叶或是小花植物组成混合组盆。

抬升式花坛里的天竺葵

花境里的天竺葵

花坛+花境

在欧洲，天竺葵也会被用于花坛布置，而在我国夏季会因为高温高湿而难以管理，因而见到的不多。如果选择强健的单瓣花品种，可以在较为凉爽的地区尝试，不过栽种花坛时要注意光照和排水。采用抬升式花坛或花境，效果会较好。

美盆+杂货

　　天竺葵花形醒目，形态多变，特别适合与各种杂货组成充满设计感的搭配。选择自己喜欢的杂货，和天竺葵来个创意组合。

把几株高大的植株牵引、捆扎，做成天竺葵篱笆

利用天
竺葵和春季
花卉组成的
豪华花箱

天竺葵的栽培基础

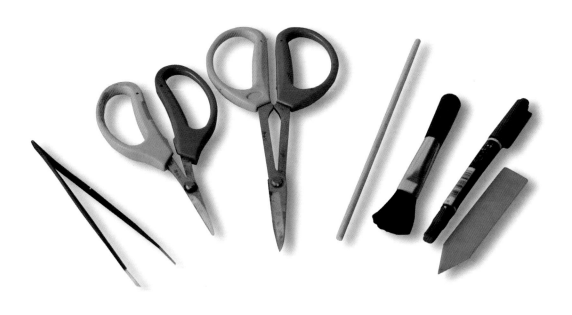

天竺葵的购买

网购苗

天竺葵很多稀有品种只能在专业网店购买到，所以花友们喜欢在网上购买。但网店购买天竺葵时须注意：

• 选择在花友中口碑好的花店。

• 关注专业只卖天竺葵或只有少数其他植物的店，这种店铺通常可以入手新奇的品种。

• 购物前要跟店主确认苗的状态，最好有苗的实物图，不要光看美丽的开花图片。

• 选择适合的时期。避开最冷、最热的季节，一般秋季到早春适合购买天竺葵花苗。

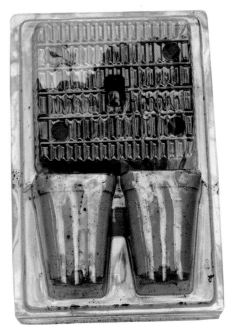

幼苗

刚刚用枝条扦插成活后的幼苗，只有主干。幼苗根系还很纤弱，比起大苗需要更多水分，必须细心呵护。

小苗

小苗是幼苗成长了 1~2 个月的苗，一般有 2 根枝条，有的可能开花。天竺葵成长很快，在气候适宜的春、秋季，小苗很快就会孕蕾开花。

在实体店铺选择的要点

✓ 是否健壮新鲜——选择茎秆粗，枝条没有木质化迹象的苗。

✓ 是否有叶片发黄、发霉——选择叶片健康、没有发黄或发黑的苗。

✓ 是否有病虫害——选择健康、没有病虫害的苗。

✓ 是否株型紧凑——选择多分枝、节间紧凑、枝叶繁茂的苗，尽量避免独枝苗。

开花小苗

带有小小花蕾的小苗，通常种植在7~10厘米口径的花盆里出售。

中苗

中苗是小苗成长半年后的苗，一般根系已经长满12~14厘米的盆，有2~3根以上主枝条，可以开出较为丰满的花球。中苗的根系有时会有盘结的现象，花后要及时移栽。

大苗/大盆

大苗适宜栽种在口径为18~30厘米吊篮中，特别是垂吊型盾叶天竺葵多见大盆出售，有时南方还可以买到巨大盆的年宵花天竺葵。花后摘残，并补充肥料，可以持续开放很久。

31

天竺葵的种植准备

盆 器

塑料盆

　　塑料盆轻便，款式多样，容易搬动，但是透气性差，注意减少浇水频率。

陶盆或瓦盆

　　陶盆透气性好，特别适合耐旱的天竺葵。各种形态美观的红陶盆，堪称天竺葵的最佳拍档。

藤编套盆

　　美观干净，充满乡村气息，适合天竺葵的典雅风情，可以套在简陋的育苗盆或塑料盆外面。

瓷盆

　　瓷盆和上釉的陶盆透气性差，不适宜直接种天竺葵，只适合用作套盆。

铁皮盆

　　传热很快，在阳光直射下温度变高，不适合天竺葵的根系生长，应尽量避免直接种植，可以在遮阴处作为套盆使用。

育苗盆

　　多数是塑料材质，适用于培育小苗和扦插苗等。

工 具

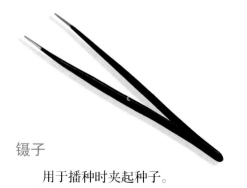

大小剪刀

用于修剪残花和剪枝条。

镊子

用于播种时夹起种子。

记号笔和标牌

用于写标牌和种

植日期等。

木棍

用于扦插

时在土面开孔。

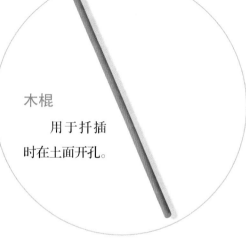

刷子

用于清洁叶片上的灰尘。

基 质

泥炭

泥炭是远古植物死亡后堆积分解而成的沉积物，质地松软，吸水性强，富含有机质，特点是透气、保水保肥。常见的泥炭有进口泥炭和东北草炭。泥炭本身呈酸性，一般在使用前会调整到中性。

珍珠岩

珍珠岩是火山岩经过加热膨胀而成的白色颗粒，具封闭的多孔结构，无营养成分，但能改善介质的物理性能，使其更加疏松、透气、保水。

赤玉土

来自日本的火山土，呈黄色颗粒状，有大、中、小粒的规格，保水、透气，常用于多肉栽培，多用于扦插和育苗。

鹿沼土

来自日本的火山土，材质轻，孔隙大，透气性佳。常用于覆盖表面，保水保肥，减少对天竺葵生长不利的微生物传播，还可以作为观察土壤干湿度的参考。

椰糠

椰壳腐熟后将椰树纤维打碎压制成的压缩基质，使用前要用水泡发，使其呈疏松状态。保水和透气性都不错，特别要注意选择经过脱盐处理的。

粗沙

导水性能佳，不含养分，特别适合不耐水湿的植物。

育苗块

泥炭压缩而成，使用前要用水浸泡发大。用于播种和扦插。

鹿沼土吸水后颜色变化很大，可以作为判断土壤干湿的办法。覆面的鹿沼土干了不一定土壤下层会干，因此鹿沼土为深黄色，就不需要浇水。也可以用陶粒代替鹿沼土，效果一样。

天竺葵是适应性很强的物种，并不娇贵，配土不用特别严格标准，可以利用手里的资源或者容易找到的资源进行调配。

和大部分植物一样，天竺葵喜欢透气、不积水、土质疏松、富含有机质、无病虫害的基质。盆栽天竺葵最好不要用泥土，而是采用混合配方的基质栽培。嫌麻烦的人也可以用花市买的营养土。

常用的配方：
泥炭 8 + 珍珠岩 1 + 粗沙 1
椰糠 6 + 珍珠岩 2 + 赤玉土 2
再按比例加些缓释肥。

因为南方气候比较湿润，雨水也较多，因此一般配土都不会加蛭石。如果在较为干燥的地方，建议加些蛭石。珍珠岩的颗粒越大越好，不要粉末状的，最好过筛后再用。

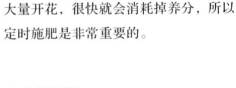

肥料

天竺葵是盆栽植物，在狭小的盆里大量开花，很快就会消耗掉养分，所以定时施肥是非常重要的。

水溶性肥料

作为日常的水肥，从秋季到翌年春季的生长期每 10~15 天使用 1 次，浓度按说明书配制。夏季休眠期浓度减半，间隔时间延长。常用的水溶肥有花多多 8 号和 13 号。

最好结合浇水追肥，少采用喷淋的方式。2 次施肥之间要间隔浇水 2 次以上。

缓释肥

每年春季和秋季施用，一般用通用的均衡缓释肥,按照说明书用量施用 2~3 次。终年开花的品种在大量开花后追肥。

笔者常用的缓释肥有奥绿 315S 号，肥效半年, 每年 3~4 月和 9~10 月各施用 1 次即可。

有机肥

盆栽天竺葵可以用发酵好的饼肥、骨粉等有机肥，15 厘米花盆每次需肥 5 克左右，代替缓释肥使用。

天竺葵的常见病虫害

天竺葵是病虫害较少的植物，但是如果处于封闭、光照不良或是拥挤的环境，就会发生灰霉病、茎腐病等病害。

天气炎热时，还会发生黄叶、失绿等生理性病害。

茎腐病

发生季节：四季。

发生原因：潮湿，病菌感染。

防治：剪掉感染枝条，喷洒杀菌剂，放置于通风环境。

灰霉病

发生季节：冬、春季。

发生原因：封闭环境，淋雨，病菌感染。

防治：及时摘除残花残叶，清理感染部分，放置于通风环境。

生理性黄叶

发生季节：夏、冬季。

发生原因：环境温度过高、过低，早春微量元素吸收不良。

处理方法：等气温恢复正常会自然好转。

植株老化

发生季节：全年。

发生原因：自然老化。

处理方法：利用扦插更新。

PART 2

天竺葵的栽培基础

37

虫 害

白粉虱

发生季节：夏、秋季。

防治：吡虫啉等药剂喷杀或黄板捕杀。

毛毛虫

发生季节：春、夏季。

防治：吡虫啉等药剂喷杀或人工捉虫。

尺蠖

发生季节：夏季。

防治：吡虫啉等药剂喷杀或人工捉虫。

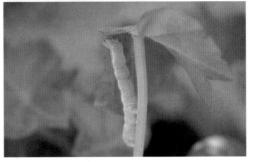

杀虫剂

天竺葵因为叶片有独特的芳香，虫害比起其他植物少很多，一般常备预防性药物例如护花神，冬季一个月使用 1 次，春、秋季 2~3 周 1 次，夏季半月 1 次（大雨后可追加 1 次），喷洒消毒。发生虫害时，最好是人工捕捉或用粘虫黄板，严重的时候再用吡虫啉等药剂。

12 月管理

冬季的寒冷让彩叶天竺葵的颜色变得分外艳丽

1 月

1月是最为寒冷的季节，天竺葵生长基本停止，处于半休眠状态，无霜地区天竺葵可在室外安全越冬，一旦最低温度低于0℃，露天种植的天竺葵可能会出现冻伤，一些强健的品种可以耐短时间的低温降雪，但最好将天竺葵转入室内光照良好的地方进行养护，不方便搬动的可以在寒潮来临前采取一些保温措施，比如套双层塑料袋，帮助植株度过短时间的低温。

在这个时期放置在室内的天竺葵仍能少量孕蕾开花，由于温度低，花形能保持较长时间，可以把花枝剪下瓶插，做一束美丽的天竺葵插花。

彩叶天竺葵在这低温期大放光彩，叶片会越来越出彩，更具观赏性。

植物状态

● 半休眠

本月关键词

● 防寒

工作簿 check

✓ 是否拿到室内光照良好处？

✓ 是否在寒潮来临时做了加倍防寒？

1月 马蹄纹天竺葵管理······················

放置地点

最低温度保持在 3℃以上就可以安全越冬。天竺葵在室内越冬时，如果夜间温度保持在 10℃以上，会缓慢开花。虽然花量较少，但是花的持久度很好，一个花球可以保持 1 个月以上。

天竺葵是喜阳植物，太阳照得到的窗边等明亮地方最适宜。

浇水

最低温度保持在 10℃以上时，可以和日常一样等盆土表面干燥后浇水。要让植株在 10℃以下的温度越冬时，须等盆土全部干透后再浇水，减少浇水的次数。严寒期浇水要在中午之前进行。

肥料

最低温度在 10℃以上时，可以施含钾较多的液体肥料，每月1~2 次为宜。10℃以下不要施肥。秋季的扦插苗尽量置于温度保持在 10℃以上的地方，每月施2~3 次液体肥，促进生长。

病虫害

3 月前基本没有病虫害。

温度在 10℃以上，天竺葵会少量开花，花色会比春季的稍微深一些

1月 盾叶天竺葵管理······························

温度在 10℃以上，天竺葵会缓慢
开花，花量少，但是更持久

放置地点

室内可以照到阳光的窗旁。
本月天竺葵生长停滞，处于半休
眠状态，如果希望它开花，需要
温度保持在 10℃以上。

浇水

放在室内时，和日常一样等
盆土表面干燥后浇水。

肥料

最低温度在 10℃以上时，可
施液体肥料，每月 1~2 次为宜。
10℃以下不要施肥。秋季的扦插
苗尽量置于温度保持在 10℃以上
的地方，每月施以 2~3 次含钾较
多的液体肥料，促进生长。

病虫害

3 月前基本没有病虫害。

1月 帝王天竺葵管理 ·······················

帝王天竺葵是需要低温才能在春季开花的类群，冬季放在 5~10℃的地方有利于春化作用

帝王天竺葵较普通天竺葵更加怕寒，最低温度在0℃以下的地区可以放置在没有暖气的室内过冬。

放置地点

帝王天竺葵在本月继续进行春化，只要最低温在 0℃以上，都可以放置于室外，以便顺利完成春化，温度低于–5℃放置于室内，以免冻伤。

浇水

放在室内时，和日常一样等盆土表面干燥后浇水。

肥料

为了春季开花，可以施含钾较多的液体肥料，每月1~2次为宜。秋季的扦插苗尽量置于温度保持在5℃以上的地方，每月施以 2~3 次液体肥料，促进生长。

病虫害

一般没有疾病发生，为了安全起见，在每月喷洒 1 次左右的杀菌剂预防。

摘心是摘掉顶部的顶芽，在去除顶芽后，下面的腋芽会快速生长，让株形更加美观

植物状态

● 前半处于半休眠，后半恢复生长

本月关键词

● 摘心

工作簿check

√ 是否对成长的新苗做了摘心？

2月

2月气温逐渐上升，日照时间也会变长。虽然整体依然在寒冷中，但时不时会出现温暖的天气，可以感受到春天的气息。在温室中管理时，晴天的室内温度会提高很快，在中午适宜打开天窗或窗户通风换气。冬眠中的天竺葵新芽逐渐开始萌动。本月彩叶天竺葵依然是观赏的最佳时期。

2月，除了玻璃温室和温暖室内，室外的天竺葵整体处于生长停滞的状况，彩叶天竺葵仍然适合观赏。园艺市场开始有温室培育的盆栽天竺葵花株出售。这种花株虽然持久性较好，但是从温室拿到普通环境中，夜间温度过低会让植株生长变弱。

秋季扦插苗在2月末可以摘心，然后腋芽会迅速生长。

2月 马蹄纹天竺葵管理······················

新买回的花苗可以放在套盆中观赏，等到彻底回暖后再换盆

放置地点

2月春节期间有很多在温室培育的盆花出售，如果买回家种在条盆里直接放到户外，会被寒气侵袭，造成冻伤，所以除了温暖地区，目前把天竺葵拿出户外展示还为时过早。和1月一样，放在温暖的室内窗旁、玻璃房的明亮处管理，中午应打开天窗或窗户通风换气。

浇水

和1月一样，待盆土表面干燥后浇水。

肥料

最低温度在10℃以上时，可用液体肥料，每月1~2次为宜。

病虫害

如果环境过于封闭，可能发生灰霉病，施1次杀菌剂来预防。

2月 盾叶天竺葵管理·····················

盾叶天竺葵在冬季也会少量开花，最好能够摘掉顶部的花芽，促进分发侧枝

放置地点

放在温暖的室内窗旁、玻璃房的明亮处管理，中午应打开天窗或窗户通风换气。

浇水

在盆土表面干燥后浇水。

肥料

最低温度在10℃以上时，可施用液体肥料，每月1~2次为宜。

病虫害

如果环境过分封闭，可能发生灰霉病，可喷施1次杀菌剂预防。

2月 帝王天竺葵管理 ·····················

帝王天竺葵中的彩叶品种，即使在没有花的冬季也非常有观赏性

帝王天竺葵在继续等待春天的到来，最低温度达到 10℃以上的室内和温室管理，腋芽成长很快。

放置地点

和 1 月一样，放在室内、玻璃房等明亮处管理，中午应打开天窗或窗户通风换气。帝王天竺葵需要低温春化，北方的暖气房会导致春化不彻底，开花少，最好放在无加温、最低室温在 0℃以上的地方。

浇水

在盆土表面干燥后浇水。

肥料

摘心后施用液体肥料，每月 2~3 次为宜。

病虫害

冬季病虫害较少，但是需要每个月喷洒 1 次防病的药剂。

3 月底天竺葵就会迎来灿烂的花期，所以这个时期的管理非常重要

3月

气温逐渐回暖，这个时期虽然日照时间长了很多，但是初春气温非常不稳定，乍暖乍寒，倒春寒时不时让人感觉回到了严冬，室内过冬的天竺葵不要马上移到室外养护。

即将开花的季节，这个月的工作将会非常繁忙。整枝、修剪、移植，打理好不容易过冬的植株，促进它的新枝生发。马蹄纹天竺葵和盾叶天竺葵可以在密切关注天气预报的同时，逐步拿出户外管理。

北方地区还是十分寒冷，但到了 3 月后，日照时间会延长很多，温暖的感觉日益增加。天竺葵也从冬眠中渐渐觉醒，芽尖显出勃勃生机，叶片也呈现出健康的光泽。

在温室等有加温条件的地方，可以开始扦插了。对于不能加温的地方则还需等待一段时间，江浙一带到清明节前后比较适合。修剪时剪下的枝条如果觉得可惜，可以插到半干的盆土里，等气温升高后部分枝条也会生根。生根需要 3~4 周，时间较长。

植物状态

● 恢复生长，特别是帝王天竺葵快速成长

本月关键词

● 修剪、翻盆

工作簿 check

✓ 是否对去年的大苗老植株进行了修剪？

✓ 是否完成了翻盆？

3月 马蹄纹天竺葵管理·····················

放置地点

冬季放置在室内过冬的植株较弱，这时在晴朗的日子里不妨把它们拿出去晒晒日光浴，通过接触外部空气让植株坚强、紧凑。但是夜间依旧寒冷，在傍晚时最好收入室内，有时会有强劲的西北风，在天气预报有大风时候不要拿出去。

浇水

春分前控制浇水次数，盆土完全干燥后再浇水比较安全。春分后逐步增加浇水次数。

肥料

冬季中没有施肥的盆株在春分过后要逐步施肥。为了促进新根的成长，可以施含钾较多的液体肥料。除了液肥，在盆中放置氮、磷、钾含量均等的缓释肥或有机肥。

整枝修剪

上一年年秋季整枝修剪没来得及修剪的植株，可以趁着3月开春前修剪。枝条过长、株形杂乱的植株可以从基部强剪，但是如果把所有枝干都一齐剪得太短，有可能会枯死。

病虫害

给予1次预防性喷洒药剂。

移植、翻盆

1年以上没有翻盆换土的天竺葵，在修剪后应该移植换盆。这时需使用新鲜的培养土，将植株换到大一号的花盆里。

彩叶天竺葵不耐高温，很容易在夏季死去，所以最好每年春季剪下枝条扦插几株备份

49

3月 盾叶天竺葵管理 ·····················

放置地点

南方可以逐渐拿出室外，温室里中午温度很高，需要开窗透气。

浇水

盆土完全干燥后再浇水比较安全。

肥料

为了促进新根的成长，可以施含钾较多的液体肥料。在盆中放置氮、磷、钾含量均等的缓释肥或有机肥作为基肥。

整枝、修剪

盾叶天竺葵的茎秆是蔓生的，适合种植在吊篮里观赏，所以不要过分修剪，可以通过摘心促发侧枝，丰满株形，过长的枝条至多剪去1/3就可以了。

盾叶天竺葵最好每年在这个季节使用新的培养土翻一次盆，

如果不换土的话，土质会劣化，植株长势不佳。

病虫害

喷洒1次预防性药剂。

盾叶天竺葵即将进入花期，所以修剪不可过强，过长的枝条最多剪去其1/3即可，就会开出美丽的花球了

3月 帝王天竺葵管理 ······

马上就要迎来盛开的季节，这个阶段的管理非常重要。

放置地点

进入 3 月后，日照中充满了春意，此前生长缓慢的天竺葵也眼看着长大起来。帝王天竺葵渐渐到了花季，花芽已经在枝头形成，所以不可以再进行摘心和剪枝。

浇水

盆土表面干燥后再彻底浇透。

肥料

帝王天竺葵即将迎来一年一度的花期，所以要给予促进花芽生长的含磷较多的液体肥料，每月 3~4 次。和马蹄纹天竺葵一样，在盆中放置氮、磷、钾含量均等的颗粒状缓释肥。

病虫害

开始注意有无灰霉病或白粉虱等病虫害，加强通风，每月仍需要预防性喷洒药剂 1 次。

移植、翻盆

1 年以上没有翻盆换土的帝王天竺葵，在不破坏根土团的前提下更换花盆。

扦插苗换盆

秋季扦插后种植在小盆里的植株，本月可换到中号盆里。

到了月底，美丽的帝王天竺葵就会开出惊艳的花朵，花期只有春季一季的帝王天竺葵，我们好好珍惜它的绚烂吧

51

进入 4 月以后，园艺店到处都可以看到天竺葵的身影。有的已经开花，有的可以看到花蕾，令人充满了期待感

4月

进入 4 月以后气温逐渐稳定，这时可以逐渐将室内过冬的天竺葵移至户外，更多地享受阳光，尽情地生长。马蹄纹天竺葵、盾叶天竺葵和帝王天竺葵都处于快速生长阶段，花蕾也大量出现，月末可以欣赏到盛开的天竺葵了。

花市上也会有大量开花的天竺葵出售，这个月是购买盆栽成株的最好季节，由于购买的是成株，大多都是在温室培育，回家后可能由于环境的变化，出现消苞、植株枯萎等现象，因此花市购买的开花盆栽不要马上换盆，待花期后再进行换盆、修剪和扦插等管理。

植物状态

● 生长，孕蕾开花

本月关键词

● 迎接开花

工作簿check

✓ 是否给予了足够的水分？

4月 马蹄纹天竺葵管理······················

放置地点

可以逐渐将室内过冬的天竺葵移至户外，更多地享受阳光。

浇水

天竺葵很耐旱，但是这个季节生长十分旺盛，缺水会造成消苞，盆土表面开始干燥后就要立刻补水。

肥料

使用液体肥料以磷肥为主，每月浇灌2~3次，如果施用含氮较多的肥料，会让枝叶徒长，而开花不良。如果上个月没有放置基肥，本月月初可以放置氮、磷、钾含量均等的缓释肥料，此后根据肥效时长每3~6个月放置1次。

整枝、修剪

及时摘除残花，对新发的徒长枝进行短截。

病虫害

蚜虫出现在枝条梢头，发现后尽早驱除。喷洒吡虫啉类的杀虫剂即可。可喷施常规抗菌剂预防1次。

移植、翻盆

盛花期即将来临，所以一般也不翻盆。这个季节市场上卖的花株有些种植在10厘米以下的花盆里，如果买回来就放置不管，会根系盘结，生长不佳，可以在不破坏根团的前提下，换入大一号的花盆。

播种

本月可以进行播种，天竺葵利用扦插非常容易繁殖，利用种子繁殖种苗也非常简单。播种一般都是本月播种，然后可以开花到秋季。天竺葵种子寿命很短，请购买新鲜种子播种。

星状花天竺葵开出清秀的星形花

PART 3

12月管理

4月 盾叶天竺葵管理 ••••••••••••••••••

放置地点

气温已经逐渐稳定，可以放心的放在室外了，要放在日照良好、通风顺畅的地方。

浇水

天竺葵很耐旱，但是这个季节生长十分旺盛，过度缺水很容易造成消苞，盆土表面开始干燥后就要立刻补水。

肥料

使用液体肥料以磷肥为主，每月浇灌 2~3 次。

整枝、修剪

可以对新生的粗壮枝条进行摘心，以促进侧枝萌发，孕育更多的花蕾，因为这段时间也是孕育花蕾的时节，不宜进行强剪，以免影响花蕾的发育，一般来说，这个月不做修剪整枝为好。

病虫害

蚜虫、白粉虱可能出现在枝条梢头，发现后尽早驱除。喷洒吡虫啉类的杀虫剂即可，同时施用 1 次常规抗菌剂预防病害。

扦插

4 月底至 5 月初都是扦插的好时机。

在南方温暖地区，盾叶天竺葵开始进入全盛的时期

4月 帝王天竺葵管理······

天使天竺葵开出美丽的花球,和旁边的大花天竺葵搭配起来,靓丽耀眼

放置地点

放在光照良好、通风顺畅的地方。直接放置在地面上根系会从孔洞里钻出去长到地里面,这对生长虽然没有害处,但是如果将来要移动的话就会伤害根系。所以最好不要直接放在土地上。

浇水

这个季节生长十分旺盛,盆土表面开始干燥后就要立刻补水,不然花蕾会消蕾。

肥料

使用以磷肥为主的液体肥料,每月浇灌2~3次。放置缓释肥料的方法可以参照天竺葵。

病虫害

通风不好的情况下天竺葵很容易发生白粉虱,最好每个月定期喷洒1次吡虫啉类的杀虫剂,此外还可能出现根粉蚧等害虫,务必保持通风。同时喷洒1次常规抗菌剂预防病害。

5 月是天竺葵最美丽的季节，也是园丁们最繁忙的季节

5月

阳光和煦、春风吹拂，5月各种天竺葵都进入盛花期，也是它们全年最美丽的时节。本月也最适合天竺葵的春季扦插，当然温暖季节也会发生各种病虫害，要小心应对。

本月是精心养育了一年的天竺葵回报主人的季节，在上一年年秋天买到的弱小的穴盘苗不仅长成像模像样的大株，而且开满美丽的花球。圆球形的直立天竺葵、纤细浪漫的盾叶天竺葵、小蝴蝶般的天使天竺葵、杜鹃花般华丽的大花天竺葵，还有星星一样的星状花天竺葵，每一种都充满魅力。

本月的工作以日常管理为主，基本不修剪，但是开完后的残花一直保留下去，会飘落在叶片上，雨后可能发生灰霉病，而且也很影响美观。在花球的大部分花朵开完后，就要将其从花梗基部摘除。

给市场上买来的花苗换盆时要注意，一般育苗公司都是采用泥炭作为基质，更换后的土壤里最好使用泥炭，至少加入1/3的泥炭，免得植物出现根系不适应而发生生长停滞。

植物状态
- 大量开花

本月关键词
- 开花

工作簿check
- ✓ 是否及时摘除了残花？
- ✓ 是否已经扦插备份了心爱的品种？

5月 马蹄纹天竺葵管理 ·····················

马蹄纹天竺葵大量开花的时候，一个接一个的花球不断出现，非常美丽。

放置地点

放在光照良好、通风顺畅的地方。如果开花时特别喜欢，可以拿进家里放几天，但是室内的光线不利于天竺葵的成长，即使是在窗边，长期放置叶片会发黄，还会落蕾。

浇水

这个季节生长十分旺盛，过分干旱缺水的植株花蕾少、花球小，茎秆容易老化，叶色也不好看。

肥料

使用含磷较多的液体肥料，每月浇灌 2~3 次。

整枝、修剪

摘除残花。

病虫害

有时有蚜虫，发现后喷洒药剂。病害主要还是灰霉病，注意通风换气，喷施 1 次预防性杀菌药。浇水动作要轻缓，防止水柱从土壤反溅到枝叶上，预防灰霉病、茎腐病发生。

马蹄纹天竺葵中的星状花天竺葵，花朵好像星星一样

盾叶天竺葵管理 ·····························

盾叶天竺葵开出的大花球非常壮观，在欣赏的同时，也要注意管理要领。

放置地点

放在光照良好、通风顺畅的地方。防雨的屋檐下是特别适合悬挂盾叶天竺葵大吊篮的地方。

浇水

这段时期是天竺葵的盛花期，盆土表面干了就要浇水，不要特意去控制。另外，给花、叶片浇水有可能诱发灰霉病或致晒伤，一定不要从头上浇水，或用水管喷淋。特别是重瓣花，必须特别注意。可从底部轻缓浇灌，以防水反溅到枝叶上。

肥料

使用含磷较多的液体肥料，每月浇灌 2~3 次。

整枝、修剪

摘除残花。

病虫害

注意浇水从底部浇灌，动作要轻缓，防止水反溅到枝叶上，以预防灰霉病、茎腐病发生。

盾叶天竺葵除了种在吊篮中，也可以盆栽放在台子或是石头上供观赏

5月 帝王天竺葵管理 ·······················

　　5月是帝王天竺葵一年中最美丽的时期，好像杜鹃花一般的大花朵绚丽夺目。帝王天竺葵比较怕热，在扦插后很容易腐烂，一般来说秋季扦插更容易。

放置地点

　　放在光照良好、通风的地方。

浇水

　　盆土表面干燥后浇水。

肥料

　　使用含磷较多的液体肥料，每月浇灌2~3次。

整枝、修剪

　　摘除残花。

扦插

　　扦插后很容易不生根，建议秋季扦插。

病虫害

　　帝王天竺葵的花瓣淋水后会发霉，要特别注意，连续下雨天可以拿到室内。雨后需要清理飘落到叶片上的花瓣。有时会出现枯叶片、黑斑病等问题，最好每2周喷洒1次药剂预防。

帝王天竺葵的花朵很像杜鹃花，所以有时又叫它们杜鹃天竺葵或蝴蝶天竺葵

6 月最重要的任务是不断收拾残花

6月

天竺葵春季盛花期势头逐渐减缓，随着梅雨季节的到来，随时修剪残花更为重要。梅雨季节的多雨、多湿气候让天竺葵致命性真菌迅速繁衍，不利于天竺葵的生长，需要给天竺葵提供一个避雨通风的环境，盆土可以给予一些表面覆盖，减少病害传播的机会。由于湿度较大，可以结合花后修剪进行扦插。

植物状态
● 大量开花结束

本月关键词
● 花后修剪

工作簿check
✓ 是否对早期发生病变的枝条进行了及时修剪？
✓ 是否完成了扦插苗的上盆？

6月 马蹄纹天竺葵管理·····················

6月气温升高，天气闷热，后期还会有梅雨。在上月开完花后，马蹄纹天竺葵本月还会持续开花，但是花量减少很多，彩叶天竺葵则开始褪色。

放置地点

放置在光照好的地方，玻璃房则要保持通风。

浇水

多雨时节，盆土表面干燥后再浇水。

肥料

施用含钾较多的液体肥2次左右，花后再放1次缓释肥。

整枝、修剪

除非发生病变，一般不做特别修剪，及时清理残花，一旦发现有枝条枯萎、变黑现象，应当马上剪掉。

病虫害

本月的气温特别容易诱发灰霉病，浇水时一定不要从上面淋水，杜绝水柱从土面反溅到枝叶上，抓紧梅雨时节的晴朗间隙喷洒防治真菌病害的药物，发现枯萎、变黑的枝条，要用清洁剪刀剪至正常部位，并使之远离健康植株。修剪当天不要浇水、淋雨。

播种

5月播种发芽的小苗可以上盆，6月高温后就不适宜播种了。

6月的星状花天竺葵开出了不一样的花色

6月 盾叶天竺葵管理·····················

盾叶天竺葵对气温比较敏感，从5月的盛花期进入6月后，就开始渐渐显出疲惫的状态。连续阴雨会使枝干徒长，即使开花，花朵也变小。

放置地点

放置在光照好的地方，因为淋雨后特别容易出问题，尽量放到淋不到雨的屋檐下，玻璃房则要保持通风。

浇水

多雨时节，盆土表面干燥后再浇水。

肥料

施用2次左右含钾较多的液体肥，稀薄的肥料即可。

整枝、修剪

除非发生病变，一般不做特别修剪，及时清理残花、枯叶。

病虫害

开始出现生理性黄叶，灰霉病、茎腐病的高发期，大雨后最好给予1次杀菌剂，及时清理雨后残花及发生病变的枝叶。

上盆

4~5月扦插的苗发根后，就用培养土栽种到12厘米的小花盆，种好后一定要摘心，不要淋雨。

扦插

不适宜，高温多湿季节插条容易腐烂。

盾叶天竺葵的花量开始减少

6月 帝王天竺葵管理 ·····················

帝王天竺葵一年一度的盛大花期即将结束了，后面是我们慢慢呵护，让它们调养身体的时间。

放置地点

放置在光照好的地方，玻璃房则要保持通风。

浇水

多雨时节，盆土表面干燥后再浇水。

肥料

施用2次左右含钾较多的液体肥料，稀薄的肥料即可。

整枝、修剪

及时清理残花，花后修剪避免淋雨，修剪下来的枝条仍然可以扦插。

病虫害

灰霉病、茎腐病的高发期，大雨后最好喷洒1次杀菌剂，及时清理雨后残花及发生病变的枝叶。

上盆

4~5月扦插的苗发根后，就用培养土栽种到12厘米的小花盆。

大花天竺葵和天使天竺葵大部分品种一年只有1次花期，这是它们最后的灿烂

63

夏季天竺葵叶片变黄是正常的生理障害,不用特别紧张

7.月

除了气候凉爽的北方地区,大部分地区都进入酷暑,号称花期超长的天竺葵,花朵也逐渐变少,夜温高的南方地区,会发生夏季生长障碍,开花不良,花形走形、花色走色等现象,花球也变小,零星几朵,彩叶天竺葵叶片会变为绿色,失去从前的光彩。

天竺葵虽然没有明显的休眠期,但是在炎热的夏季可以明显感觉到生长停滞,很多品种的叶片都会变黄或变白。这是因为高温造成根部对一些微量元素吸收不良而引起的生理性黄叶,而不是土壤中缺少肥料。如果此时过量施肥,反而加剧了根系的负担。正确的管理方法是尽量为天竺葵提供通风凉爽的环境,减少施肥浓度和频率,等待气温降低,叶片变黄的现象会自动改善。

植物状态
● 休眠或半休眠

本月关键词
● 防暑

工作簿 check
✓ 是否做好了避雨遮阴工作?

7月 马蹄纹天竺葵管理……………

马蹄纹天竺葵耐热性比较好，有些特别坚强的品种还可以持续开花，不过为了让它们不过分消耗体力，可以适当修剪花蕾。

放置地点

大部分可以在全日照下管理，一些不耐热的品种最好放到半阴避雨处，通风良好的地方，例如星状花天竺葵、彩叶天竺葵和黄色系列天竺葵等。

浇水

不要过度浇水，但是也不可让植株太过缺水。

肥料

将含钾较多的液体肥稀释到说明书一半的浓度，每月浇灌2次左右。

整枝、修剪

适当地修剪一些基部过密的枝条和叶片，加强局部通风，可以减少一些病害的发生。有些自然干枯的叶子和枝条，也要及时去除。

病虫害

生理性障碍造成的黄叶和叶边发白，不用特别在意，这个月也是灰霉病、茎腐病的高发期，要及时修剪掉病变的枝叶，暴雨后要喷施杀菌剂预防高发感染。

扦插

这时的枝条发根缓慢，不利于扦插。

夏季天竺葵单薄的花朵容易被晒伤，凋谢得很快

7月 盾叶天竺葵管理......................

盾叶天竺葵耐热性弱，叶片很容易枯黄，及时修剪枯枝和发生黑腐的病变枝条，保护好未受感染的健康枝条，暴雨后要喷施杀菌剂预防高发感染

垂吊型盾叶天竺葵较为怕高温，为了迎接盛夏，需要为它们做一些防暑工作。

放置地点

最好放到半阴通风处，或上面拉一层遮阴网。

浇水

早或晚浇水，尽量不要打湿枝叶，不要过度浇水，但是也不可过干。

肥料

将含钾较多的液体肥稀释到说明书一半的浓度，每月浇灌2次左右。

整枝、修剪

只需要随时修剪一些枯枝和发生病变的枝条，不要特别做整形修剪。

病虫害

生理吸收障碍造成的黄叶和叶边发白，不用特别在意。

帝王天竺葵管理⋯⋯⋯⋯⋯

帝王天竺葵耐热性介于前两种天竺葵之间，但是天使天竺葵会比较怕热。大花、天使天竺葵花期结束，可以在本月上旬进行花后轻微修剪。

放置地点

一般品种可以全日照，这样发的新芽比较健壮，不会徒长。特别怕热的放到半阴处，或上面拉一层遮阴网。

浇水

早或晚浇水，尽量不要打湿枝叶，盆土表面干燥后浇水。

肥料

将含钾较多的液体肥稀释到说明书一半的浓度，每月浇灌2~3次。

整枝、修剪

只需要修剪枯叶残花及细弱的枝条，底部生长过密的叶片适当梳理，过分生长或是徒长的枝条可以暂不修剪，等秋季再做整形修剪。

扦插

气温很高，很难生根，如果想扦插，最好用秋季新生的枝条。

病虫害

及时修剪枯枝和发生黑腐的病变枝条，保护好未受感染的健康枝条，暴雨后要喷施杀菌剂预防高发感染。

梅雨季节残花淋雨会发霉

怕热的天竺葵品种，放在比较阴凉通风的地点为宜

8月

8月在南方是高温持续的一个月，虽然不如7月的温度高，但是因为植株整体虚弱，更容易衰弱死亡。为了在秋季开出美花，这个月的管理切不可忽略。特别是怕热的天竺葵品种，要特别关注。

植物状态
- 休眠或半休眠

本月关键词
- 休眠

工作簿 check
- ✓ 是否做好了防暑遮阴工作？
- ✓ 是否清理了脱落的枯叶和黄叶？

8月 马蹄纹天竺葵管理··················

夏季马蹄纹天竺葵生长也停滞，植株下部的叶片脱落比较严重，看起来成了一个个的光杆，让不少花友觉得十分忧虑。不过只要植物茎秆坚硬有力，就不必过度担心，只要挺过这个月，9月再进行修剪。

另外，彩叶天竺葵和星状花天竺葵是最怕热的，这个月需要特别照顾。

放置地点

大部分可以在全日照下管理。一些不耐热的品种最好放到半阴处或者给予遮阴，通风要良好，例如彩叶天竺葵、星状花天竺葵和黄色系列天竺葵等。

浇水

数量减少，可等到全部土壤干透后再浇水。

肥料

将含钾较多的液体肥稀释到说明书一半的浓度，每月浇灌1~2次。

整枝、修剪

不进行，徒长的枝条也不要轻易修剪，及时摘除黄叶、残花。

移栽

不进行。

病虫害

可能发生白粉虱，可以喷洒药剂或用粘虫黄板驱除，每月还要给予2次杀菌剂预防病害，暴雨后要给予补施。

马蹄纹天竺葵中的星状花天竺葵品种特别不耐热

8月 盾叶天竺葵管理 ·····························

盾叶天竺葵很容易枯萎和衰弱，看起来没精打采，但是到秋凉后就会变好，所以不要对它们丧失信心，好好管理，秋季还会开出美美的花来。

放置地点

半阴处。

浇水

次数减少，可等到全部土壤干透再浇水，浇水要在早晚进行。

肥料

将含钾较多的液体肥稀释到说明书一半的浓度，每月浇灌1~2次。

整枝、修剪

不进行，徒长的枝条也不要轻易修剪，需摘除黄叶等，让植株整洁。

移栽

不进行。

病虫害

可能发生白粉虱，要注意防治，每月还要喷洒2次杀菌剂防治病害，暴雨后要给予补施。

怕热的盾叶天竺葵要是浇水过多，就容易发生茎腐病

8月 帝王天竺葵管理·····················

帝王天竺葵在炎热的夏季容易落叶，特别是下部看起来光秃秃的，但是仔细观察，就会发现脱落的叶腋间有小小的芽头，等到秋凉，这些芽头就会很快生长出来。

放置地点

大部分可以在全日照下管理。一些不耐热的品种可放到半阴处。

浇水

次数减少，可等到全部土壤干透再浇水。

肥料

将含钾较多的液体肥稀释到说明书一半的浓度，每月浇灌1~2次。

整枝、修剪

不进行，徒长的枝条也不要轻易修剪，需摘除黄叶等，让植株整洁。

病虫害

可能发生白粉虱，要注意防治，每月还要喷洒2次杀菌剂防治病害，暴雨后要给予补施。

夏季高温时，帝王天竺葵出现大量的黄叶和枯叶

从夏季的黄叶问题中渐渐恢复的天竺葵,重新开出了可爱的花朵

9月

夜间渐渐感觉到凉意,各种天竺葵都恢复了生机,下旬开始是扦插的适合时期,要趁着气候适宜尽快进行扦插。因为秋季扦插越早,翌年春季的植株越大,花也越多。

马蹄纹天竺葵再度开花,花朵比夏季大,颜色也比夏季要鲜艳。在北方地区彩叶天竺葵的彩色又重新出现。

这个月开始可以购买新的花苗了。

植物状态
- 恢复生长

本月关键词
- 扦插、翻盆

工作簿 check
- ✓ 是否将夏季放到半阴的植株拿到全阳处?
- ✓ 是否完成了扦插备份?

9 月 马蹄纹天竺葵管理·····················

放置地点

全阳，夏季因为炎热而放到半阴处、屋檐下的怕热品种，可以在月中或月底拿到全阳的地点管理。

浇水

盆土表面干燥后浇水，下雨后不用浇水。

肥料

水溶肥帮助形成秋花，使用含磷较多的肥料每周浇灌 1 次。也可放置长效缓释肥。

整枝、修剪

将过度徒长的枝条剪短，清理夏季枯萎的叶片和枝条，收拾干净迎接秋季花期和生长期。

上盆

春季扦插苗在上旬按照不打坏根团的原则上盆，从口径 7~9 厘米换到 12~15 厘米盆。

扦插

9 月下旬至 10 月中旬，是秋季扦插的好时机，结合修剪，选择顶端部分健壮充实的枝梢，剪成带有 2~3 片叶片的插穗来扦插。秋季扦插的话，翌年 5 月就可以长成饱满的植株，开出大花球。

新奇品种的花苗很快会被订完，要尽早下手

9_月 盾叶天竺葵管理·····················

放置地点

全阳，夏季因为炎热而放到半阴处、屋檐下的怕热品种，可以在月中或月底拿到全阳的地点管理。

浇水

盆土表面干燥后浇水。

肥料

水溶肥帮助形成秋花，使用含磷较多的肥料每周浇灌 1 次。也可使用长效缓释肥。

整枝、修剪

将过度徒长的枝条剪短，清理夏季枯萎的叶片和枝条，收拾干净迎接秋季花期。

扦插苗上盆

春季扦插苗在上旬按照不打坏根团的原则上盆，从口径 7~9 厘米换到 12~15 厘米盆。

扦插

天竺葵虽然是多年生植物，但是第三年以后植株就会老化，花量、长势明显减弱，每年扦插更新苗，可以让心仪的品种持续保持活力。对起春季扦插小苗必须面对炎夏的高温，秋季扦插的小苗成活后是凉爽的季节，成活率更好。

过夏后的盾叶天竺葵常常有枯萎的枝条，要修剪清理干净

9_月 帝王天竺葵管理 ·····················

凉风吹拂，帝王天竺葵重新恢复了精神，9~10 月都是扦插的好时候，特别是新芽萌发太多的植株，可以趁此机会疏枝。这段时间摘心后发生的新芽会再发出来，来年也会大量开花。

放置地点

全阳，夏季因为炎热而放到半阴处、屋檐下的怕热品种，可以在月中或月底拿到全阳的地点管理。

浇水

盆土表面干燥后浇水。

肥料

氮、磷、钾含量均等的肥料每周浇灌 1 次，可以使用长效缓释肥。

整枝、修剪

将过度徒长的枝条剪短，新发的枝条如果过于密集，可以掰掉一部分。

扦插苗上盆

春季扦插苗于上旬按照不破坏根团的原则上盆，从口径 7~9 厘米换到 12~15 厘米盆。

扦插

适宜。插穗最好用花后修剪再生长出的新芽，选择带有 2~3 片叶片的顶芽来扦插。

过夏后看起来很凄凉的天竺葵花墙，慢慢让它重焕生机吧

春季播种的小苗长成苗壮的植株

10 月

让人错以为春季又回来了的又一个美好季节。马蹄纹天竺葵的秋花绚丽多彩，特别是春季扦插的新苗，不仅长成了丰满的植株，还开出可爱的花球。欣赏美花的同时，也别忘了给它们摘除残花，打扫卫生。

秋季也是选购新的天竺葵花苗的好时机，在购买花苗的同时，还要准备好肥料、花盆和土，这样在花苗到来时，就可以立刻上盆栽种了。

此外，这个月还要为老植株翻盆换土，继续扦插和播种……可以说，天竺葵迷又到了另一个繁忙季节。

植物状态

● 不断开出秋花（帝王天竺葵除外）

本月关键词

● 秋花

工作簿 check

✓ 是否购买好新的花苗和相应的园艺用品？

✓ 是否摘除了残花？

✓ 是否完成了扦插？

10月 马蹄纹天竺葵管理 ·····················

秋季是非常适合马蹄纹天竺葵生长的季节,10 月的秋花颜色更加深沉丰厚,花量仅次于 5 月,单花花期更长。彩叶天竺葵在温度降低后叶色也会变深,出现各种彩色斑纹。

放置地点

全日照处。月底寒冷地区要放进室内,并注意通风。

浇水

盆土表面干燥后浇水。

肥料

为了促进冬季前的根系发育,本月浇灌 2~3 次含磷较高的水溶肥,比例可按说明书。

缓释肥的肥效期限如果到了,可以再度施放。

整枝、修剪

和春季一样要及时摘除残花。

播种

可以继续秋播。上月秋播苗在长出 2 片真叶后上盆,每周浇灌 1 次含钾较多的水溶肥。

病虫害

偶尔有白粉虱。

秋季的花色更加深厚,花瓣也富有质感

10_月 盾叶天竺葵管理·······················

耐热性好的品种恢复较快，持续开花，耐热差的品种有时只能恢复生机，长出新叶，不一定开花。

放置地点

全日照处，温室或是玻璃房白天温度会升的很高，北方以外的地区暂时不用进温室。

肥料

为了促进冬季前的根系发育，本月浇灌2~3次含磷较多的水溶肥，比例可按说明书。

整枝、修剪

和春季一样要及时摘除残花。开花期间一般不进行整枝、修剪，但是对过长的枝条可以剪去一半。

扦插

9~10月可以进行秋季扦插，2~3周就会生根，生根后上盆，上盆后立刻摘心。

摘心

摘心又叫打顶，就是去除天竺葵顶部的顶芽，促进分发侧芽，让植株更加丰满。

开花期间一般不修剪，但是这样过长的枝条可以剪掉一部分

10月 帝王天竺葵管理 ·························

整个 10 月都是帝王天竺葵的成长期，会不断的生发新的枝叶。

重新恢复生长的帝王天竺葵，可以修剪一部分枝条，让株型更紧凑，剪下的枝条则用于扦插

放置地点

放在全日照处，北方月底进入温室后，要注意通风。

浇水

盆土表面干燥后浇水。

肥料

为了促进冬季前的根系发育，本月浇灌 2~3 次含磷较多的水溶肥，比例可按说明书。

病虫害

有时发生白粉虱。

扦插

本月是扦插的好时机。

美丽的彩叶天竺葵在秋季变得色彩缤纷。上图是"小红枫"

11月

11月初的气温跟10月差不多，但是随着夜间温度降低，天竺葵下端老叶也会出现红叶，彩叶品种的颜色会变深，彩色斑纹变得艳丽起来，最著名的星状花天竺葵品种"小红枫"叶片看起来好像真正的红叶一样。

南方地区的天竺葵依然开得十分灿烂，但是大部分地区要从月底开始着手准备过冬，放入室内的品种要选择日照好的地点，枝条过分伸展的要剪掉一半，修剪时不用感到可惜，到了温度适宜的春季，天竺葵的生长会很快。

彩叶天竺葵的色彩对比越来越明显，可以说最好的观赏期到来了。

植物状态

● 继续开花生长

本月关键词

● 翻盆

工作簿check

✓ 是否对去年的大苗老植株进行了修剪和翻盆？

✓ 是否准备好过冬的地点？

14

11 月 马蹄纹天竺葵管理⋯⋯⋯⋯⋯⋯⋯⋯

放置地点

冬季能承受最低温度在 3℃
以上，放在户外南向地点也能过
冬，其他地方在下霜前拿入室内
比较放心。

冬季对天竺葵最合适的是玻
璃房、窗台等日照好的地方。直
接种在花盆的品种可以将整个花
盆搬进来，组合盆栽则可以将天
竺葵单独挖出来移栽到小盆里再
拿入室内，或者在寒潮来临时，
短时给予一定的保温措施，比如
覆盖大棚膜。

浇水

冬季生长慢，浇水次数渐渐
减少，保持稍干为宜。如果是在
玻璃房温度高，10℃以上可以开
花不断，这时就要浇水多些。

肥料

和夏季一样减低浓度和频率。

整枝、修剪

不修剪。

扦插

进入低温期，生根慢，一般
不扦插。秋季扦插苗可以上盆，
上盆后立刻摘心。

播种

不进行。

温度在 10℃以上会开花不断的马
蹄纹天竺葵，要及时为它们摘除残花

11 月 盾叶天竺葵管理·····················

放置地点

冬季可耐受最低温度在3℃以上，放在户外南向地点也能过冬，其他地方在下霜前拿入室内比较放心。

浇水

冬季生长慢，浇水次数渐渐减少，保持稍干为宜。

肥料

和夏季一样减低浓度和频率，低于10℃可暂停施用水肥。

整枝、修剪

到现在没有修剪的，如果枝条凌乱的话，修剪一半左右，春季就会长成美观的株形，但是会损失冬花；不修剪则会冬季开花，但是株形散乱。可以根据自己需求来操作。

扦插

进入低温期，生根慢，一般不扦插。秋季扦插苗可以上盆，上盆后立刻摘心。

病虫害

拿入室内后可能发生灰霉病，要注意通风。

盾叶天竺葵中的银边叶品种，在秋凉后银边更加明显

11月 帝王天竺葵管理

帝王天竺葵耐寒性弱的品种较多，在温暖地区也要尽早搬入室内，一旦被冻坏就不能恢复了，但是不能放在暖气房。

放置地点

过冬时整盆拿入室内，放在窗台等光照好的地方。

浇水

冬季生长慢，浇水次数渐渐减少，保持稍干为宜。

肥料

以液体肥料为主，每月施1~2次，特别是秋季扦插苗，侧枝发出时补充养分会长得更壮实。

整枝、修剪

剪掉枯叶，可以进行摘心。

扦插

进入低温期，生根慢，一般不扦插。秋季扦插苗可以上盆，上盆后立刻摘心。

病虫害

拿入室内后可能发生灰霉病，要注意通风。

帝王天竺葵比较不耐寒，特别是新种好的小苗

天竺葵不耐寒，但是短暂的寒冷并不会冻死，例如南方的短暂降雪。不过为了安全起见，还是搬回室内比较放心

12月

天气日益寒冷，天竺葵也开始进入冬眠状态。放在温暖室内的马蹄纹天竺葵会继续开花，盾叶天竺葵的花量很零星，但是偶尔也会开放。温室里的天竺葵让人错以为进入春意融融的时节，但是因为环境比较封闭，很容易发生病害，如果天气晴朗，中午最好打开窗户为天竺葵透透气。

帝王天竺葵需要一定的低温才能完成春化，如果北方一直放在有暖气、温度高于 15℃的室内，就会造成开花不良，所以要让它们经历一段时间的低温（5~10℃），以促进花芽分化。

植物状态

● 冬季休眠，在温暖的室内会开花

本月关键词

● 防寒

工作簿 check

✓ 是否搬至合适的过冬地点？
✓ 帝王天竺葵是否完成了翻盆？

12月 马蹄纹天竺葵管理······················

寒冷加剧，天竺葵的生长变慢，如果气温在10℃以下，就会进入休眠。但是放在温暖的室内，就会一直开花。

放置地点

向阳的室内，最低温度3℃以上的地区可以放室外。小苗最好放室内。

浇水

盆土干透后浇水。

肥料

可以不施水肥，对于秋季新扦插上盆的小苗可以和夏季一样降低浓度和频率。

整枝、修剪

不进行。

扦插

不进行。

病虫害

在封闭的室内容易发生灰霉病等，要保持通风。

这样能在雪地里开花的天竺葵十分罕见，如果发生这种突然的降温，待雪停后要马上清理叶片、枝条上的积雪或者拿进屋里，但是也不要放暖气边等温度过高的地方

12月 盾叶天竺葵管理 ·························

只要温度在 10℃以上，冬季盾叶天竺葵也可以零星开花

放置地点

向阳的室内，最低温度 3℃以上的地区可以放室外。小苗最好放室内。

浇水

盆土干透后浇水。

肥料

10℃以下可以不施水肥，对于秋季新扦插上盆的小苗可以和夏季一样降低施肥浓度和频率。

整枝、修剪

不进行。有枯叶和枯枝可以随时清理。

扦插

不进行。

病虫害

在封闭的室内容易发生灰霉病等，要保持通风。

12月 帝王天竺葵管理 ·····································

秋季修剪后的帝王天竺葵仍在生长，可以看到不断有新芽冒出

放置地点

温度在 5~15℃ 的室内、最低温度 0℃ 以上的地区可以放室外。帝王天竺葵大部分品种开花需要低温春化，不可放在恒温 15℃ 以上的暖气房里，否则会不开花或花少。

浇水

盆土干透后浇水。

肥料

和夏季一样水肥降低到一半的浓度，每月浇灌 2~3 次水溶肥。

整枝、修剪

不进行。

扦插

不进行。

病虫害

在封闭的室内容易发生灰霉病等，要保持通风。

天竺葵的好伙伴

薄雪万年草

可爱的贴地植物，种植于长势直立类天竺葵的盆面上，既可以显得美观，又可以起到铺面石的作用，避免浇水时土壤里的一些病菌飞溅到枝叶上，减少疾病发生。

角堇

植株小巧的角堇颜色丰富，可以搭配不同花色的天竺葵，让盆栽显得层次丰富，更具观赏性。

香雪球

细小花朵的香雪球同天竺葵同时烂漫的开放，掩盖直立生长的天竺葵中下段少花的枝干，相得益彰。

PART 4

天竺葵种植操作图解

播 种

① 准备种子，天竺葵种子不新鲜发芽率很低，务必要用新鲜种子

② 泡发好播种泥炭块。泥炭块专为播种设计，使用非常方便，有专门配套育苗盒，发芽整齐，移苗定植不伤根，非常适合家庭少量播种使用

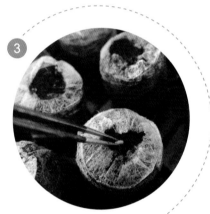

③ 用镊子小心夹起种子，放置于泥炭块中央凹陷处，种子需全部埋进泥炭中

④ 盖上育苗盒盖子（盒盖可截几个小孔），静置于有散射光的地方，等待种子发芽

5

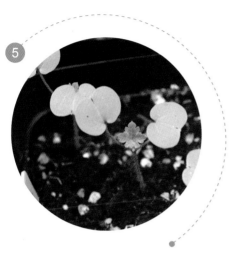

种子发芽后，
伸展出子叶

6

当小苗开始长真叶时，揭
开透明盒盖，逐渐将育苗盒移
至明亮的地方，注意保持泥炭
块湿润

7

当小苗的根系长出
育苗块，真叶长到3~4
片时，就可以假植了

8

小苗假植在
7~10厘米的小盆
里，待根系长满小
盆再进行定植

扦 插

天竺葵扦插最好的部分是顶芽，顶芽下面的枝条也可以生根，但是生根率不如顶芽好

选择健壮、分枝多的母本作为扦插的材料

用剪刀从顶芽下方第三节左右的位置剪取

剪下的插条，如果叶片太多，可以除掉底部几片

将插条稍微放置几个小时，待伤口干燥，形成一层膜，这样就不容易腐烂

准备扦插基质，这里用的是椰糠+珍珠岩

⑥

⑦

在盆底放好底石，在盆子中间放一个小花盆，加入基质。沿着两只花盆中间的部分用木棍开孔，再把插条插进去

⑧

在花盆中间放另一个小盆的目的是通风透气，防止烂根

⑨

插好的天竺葵 2~3 周就会生根，开始新的生长

⑩
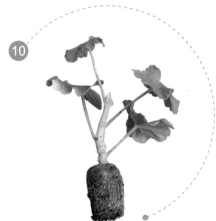

也可以用前面播种的育苗块来扦插，效果也不错

定 植

春、秋季帝王天竺葵的定植

秋季购买的小苗经过近半年的生长，可以更换至18~24厘米的花盆定植了

花盆装土5厘米左右，施基肥（长效缓释肥）

将要换盆的植株连盆放置于定植盆中，调整好位置

装土，稍压实

将苗连盆取出

将盆中的苗小心完整脱盆，
放入定植盆中，调整好位置

压实苗原土周围的土
后，土表给予覆盖1厘米左
右的多孔透气石粒

用软刷仔细刷去茎叶上的
土渣，浇透水

即将开花的小苗定植

① 生长旺盛的小苗,假植盆已经不能满足其生长需要,应换盆定植

② 选用 15~18 厘米的定植盆,花盆底部铺栽培介质 3~4 厘米,按比例添加基肥

③ 小心将小苗完整脱盆,小盆放置在定植盆中央,盆外装满栽培介质,小盆边适当压实

把小盆小心地从大盆中取出

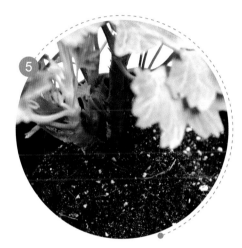

将小苗放入大盆
预留的空间中，压紧
小苗周围的基质

盆面用 1 厘米左右的多孔粗
颗粒基质覆盖，浇透定根水

定植多年的老株换土更新（盾叶天竺葵）

① 首先清理枯枝败叶

② 重剪枝条余留10~15厘米

③ 从花盆中取出植株，可以看到土团中已长满老根

④ 小心去掉大约1/3的旧土，尽量保留细小的须根

⑤ 清理好旧土的样子

⑥ 剪掉1/3左右的老根，尽量保留须根

修好根去好旧土的样子

准备好更新的花盆，仍用旧花盆的
要消毒，盆底可铺一层沥水的粗粒基质

将准备好的新土添加在花盆
里，稍压实

用小刷细心地刷去茎叶上的泥土。
土层表面铺一层 1 厘米的轻质多孔基
质，用小刷细心地刷去茎叶上的泥土

用细口浇水壶浇透定根水

操作完成的样子，等待植株重新发出勃勃生机

修　剪

秋季的黄叶修剪

1

2

摘掉黄叶前后的状态

叶修剪前的状态

3

修剪枯枝

4

需要修剪的有病的叶片

5

需要修剪的隐藏在正常叶片之下的枯叶

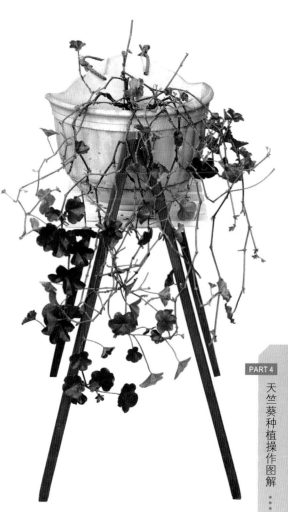

6

黄叶修剪完毕的状态。喜欢长枝条飘拂的效果就可以这样，如果想要紧凑的球形则可剪掉过长枝条

春季花后的回剪

盾叶天竺葵

开完花的盾叶天竺葵

剪掉残花

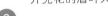

剪掉发病的叶片和被虫咬伤的叶片

剪掉枯枝

剪掉徒长后枝节过长的枝条

修剪完毕的样子

帝王天竺葵

1 开完花的
帝王天竺葵

2 剪掉所有残留的花朵

3 从花枝基部剪去

4 剪掉枯萎、黄化和有病虫害的叶片

5 剪掉过分密集的枝条

6 修剪完毕的样子

摘 心

① 苗摘心前的状态，不
处理的话就会一直往上长

② 把中间的顶芽剪掉

③ 顶芽剪掉后，植物就会
从下部的叶腋间生发腋芽

④ 植株变得更加丰满

PART 5

常见天竺葵品种

白星（特出系列）
Scottow Star

分组　马蹄纹天竺葵组群
花色　粉白色
花形　单瓣

表现出色的实生天竺葵，白色的花瓣，边缘略带粉色，花心中间为深鲑鱼色。叶片浓绿，株高 35~40 厘米，株型紧凑。非常耐热，从播种到开花只需要 3 个月左右。可以盆栽，地植于花台边缘，同系列其他花色也同样表现优秀，特别适合新手入门种植。

苹果花（地平线系列）
Floranova Geranium Horizon

分组　马蹄纹天竺葵组群
花色　复色:粉红色、白色
花形　单瓣

表现优异的实生天竺葵，株高 25~30 厘米，株型紧凑，花大，花径 3~4 厘米。叶片马蹄纹明显，开花早，花期长，耐热，可以盆栽也能地植，同系列其他品种也十分优秀。

山宫
Bergplaas

分组　马蹄纹天竺葵组群
花色　鲑鱼色
花形　半重瓣

株型紧凑，高 20~35 厘米，生长迅速，很容易开成花球，花量大，勤花，较耐热，非常好养，新手入门最佳选择。

晨曲
Classic White

分组　马蹄纹天竺葵组群
花色　先为淡绿色，后逐
　　　渐变白
花形　半重瓣

株高 25~35 厘米，叶片浓绿，中间叶色浅，马蹄纹不明显，株型直立，生长迅速，开花量大，白色系重瓣中最好养的品种。

鲑鱼伯爵小姐
Salmon Komtess

分组　马蹄纹天竺葵组群
花色　淡鲑鱼红
花形　半重瓣

受欢迎的天竺葵品种之一，颜色淡雅，单花、花球都有珠圆玉润的感觉，叶片浓绿，株型紧凑，非常勤花，残花不掉瓣，耐热，各方面性状都非常出色的品种，适合盆栽。

水晶宫
Crystal Palace

分组　马蹄纹天竺葵组群/
　　　彩叶亚群
花色　红色
花形　单瓣

受欢迎的蝴蝶叶形彩叶品种之一，叶片中部是草绿色，周围嵌合金黄色，冬季叶色分明，花为红色单瓣，夏季需注意遮阴。

公主
Salmon Queen

分组　马蹄纹天竺葵组群
花色　淡鲑鱼红
花形　半重瓣

和鲑鱼伯爵小姐各方面性状非常相似，相比之下，公主的叶片马蹄纹比较明显，花色要深一些，也是较受欢迎的品种。

白飞溅
Eclipse White Splash

分组　马蹄纹天竺葵组群
花色　白色花瓣，玫红色
　　　水滴状斑点
花形　单瓣

非常经典的花色，株型紧凑，株高 20~30 厘米，自然分枝性较好，勤花，耐热。

艾米莉亚
Emilia

分组　马蹄纹天竺葵组群
花色　粉红色
花形　单瓣

花瓣非常圆润，粉色花，花心白色，花半开呈杯状，不平展，花球大，可达 10~15 厘米，生长强健，耐热性好，养护容易，是受欢迎的新手入门品种。

花仙子
Flower Fairy White
Splash

分组　马蹄纹天竺葵组群
花色　玫粉色花瓣，带有
　　　红色水滴状斑纹
花形　单瓣

非常受欢迎的品种，单花直径达 5~6 厘米，可以用花大色艳来形容，耐热，勤花，生长旺盛，冠幅 30~50 厘米，适合于较大的花器。

亮粉·洛基山
Rocky Mountain Light
Pink

分组　马蹄纹天竺葵组群
花色　粉紫色，玫瑰色点
　　　状纹
花形　单瓣

单花大，可达5~6厘米，花球也大，勤花，花色粉嫩，淡雅，较为耐热，直立株型，冠幅30~50厘米，非常受欢迎。

洛可可
Rococo

分组　盾叶×马蹄纹天
　　　竺葵杂交组群
花色　粉色
花形　重瓣，玫瑰花形

盾叶×马蹄纹天竺葵杂交品种的经典品种，花瓣数枚，花蕾开放时都形似小玫瑰，保持玫瑰花形，高温下可完全平展，与麦菲尔德玫瑰（Mill Field Rose）花色极为近似，但分枝性和抗性稍好些，二者选其一种养即可。

首黄
First Yellow Improved

分组　原生杂交组群
花色　奶油黄色
花形　半重瓣

世界首款黄色天竺葵，开创了天竺葵家族黄色花系的先河，非常稀有，淡奶油花色，枝叶柔软，叶片3裂，株型较矮，生长缓慢，不耐热。即使比较娇贵，养护不易，仍受爱好者的追捧。

芭芭拉
Barbara Eldridge

分组　马蹄纹天竺葵组群
花色　花瓣圆润,白色花,
　　　花瓣带玫红色条
　　　纹或斑点
花形　单瓣

直立株型，金心叶，花色多变，或出现半红半白，或白色花瓣带玫红色条纹或喷点，或者全玫红花瓣，花叶俱美的品种。

粉石竹
Picotee Pink

分组　马蹄纹天竺葵组群
花色　白色带粉边
花形　半重瓣

株型紧凑，高 20~35 厘米，白色花瓣的粉色镶边，非常优雅，花量大，花球可达 18~20 厘米，非常勤花，株型紧凑，适应性强，天气炎热时会开成单瓣。开花机器，适合新手。

任先生
Mr. Wren

分组　马蹄纹天竺葵组群
花色　橘红色花瓣，白色
　　　镶边
花形　单瓣

株型较为高大，成株可高达 50~60 厘米，自然分枝性较差，需要通过修剪控制株型，春季花量较大，花色特别。

艾玛·郝思
Emma Hossler

分组　马蹄纹天竺葵组群/
　　　矮生亚群
花色　粉色
花形　半重瓣

株型非常紧凑，成株高度 20~25 厘米，自然分枝性较好，花期早，花量大，勤花，养护简单，适合5 号以下的盆。

三色旗
Tricolor

分组　马蹄纹天竺葵组群/
　　　彩叶亚群
花色　红色
花形　单瓣

非常著名的彩叶品种，叶片中心绿色，镶嵌红色马蹄纹，黄色外边，盛夏时节，叶色显色可能不太明显，其他三季颜色相当艳丽，耐热。

快乐思考
A Haapy Thought

分组　马蹄纹天竺葵组群/
　　　彩叶亚群
花色　玫红色
花形　单瓣

比较漂亮的一款蝴蝶彩叶天竺葵，
株型紧凑，叶片中心有白色蝴蝶纹，
外缘翠绿，秋、冬季节褐色马蹄纹
明显。

弗兰克
Frank Headley

分组　马蹄纹天竺葵组群/
　　　彩叶亚群
花色　鲑鱼红色
花形　单瓣

花虽然为单瓣，但花色柔和，花量大，是彩叶群里少有的开花机器，较为耐热，生长强健，新手入
门品种。

卡梅尔
Carmel

分组　马蹄纹天竺葵组群
花色　花白色，外缘红色
　　　线性镶边
花形　单瓣

受欢迎的小清新品种，长势迅速，健强，花量大，勤花，直立株型。可以适当修剪控制株型。

金叶双色
Swainham–Spring

分组　马蹄纹天竺葵组群/
　　　彩叶亚群
花色　白色，外缘橘粉色
　　　着晕
花形　重瓣

金色叶片，株型紧凑，自然分枝性好，成株 20~25 厘米，花色特别美，很难得的彩叶重瓣品种，夏季不耐直晒，需要放置在遮阴处。

黑圈叶
Distinction

分组　马蹄纹天竺葵组群/
　　　彩叶亚群
花色　红色
花形　单瓣

较特别的彩叶天竺葵，翠绿的叶片，深褐色线形马蹄纹，花红色，花瓣尖细，不耐热，夏季需要遮阴，小心养护。

瑞士之星
Mallorca Swiss Star

分组　马蹄纹天竺葵组群
花色　红白色条纹
花形　重瓣

花形特别的马蹄纹天竺葵，植株健壮，成株可以高达 40~50 厘米，花瓣细小，白色和红色条纹相交，很容易开成花球。

喝彩粉

分组　马蹄纹天竺葵组群
花色　粉色，带玫红色
　　　喷点
花形　半重瓣

外层花瓣圆润，内层花瓣较小，单花直径达 5~6 厘米，勤花，生长旺盛，冠幅 30~50 厘米，适合于较大的花器，耐热，是受欢迎的新手入门品种。

棒棒糖
Lollipop

分组　马蹄纹天竺葵组群
花色　橘粉色,白色条纹
花形　单瓣

非常经典的花色，株型直立，成株可高达 40~50 厘米，单花较大，4~5 厘米，花色艳丽，橘粉色兼有白色条纹，容易开成大花球，是名副其实的"棒棒糖"。

锦缎
Brocade

分组　马蹄纹天竺葵组群
花色　橘粉色，花心白色
花形　重瓣

株形直立高大，健壮，自然分枝
性不好，但可以通过修剪控制株
型，非常容易开花，花球大，特
别好养。

多佛谷
Dovedale

分组　马蹄纹天竺葵组群/
　　　彩叶亚群 / 矮生亚群
花色　粉白渐变
花形　半重瓣

蝴蝶叶品种，花色淡雅，半矮生，株型紧凑，自然分枝性好，较为耐热。

漂亮裙子
Pretty Petticoat

分组　马蹄纹天竺葵组群
花色　白色带粉边
花形　半重瓣

白色花瓣略微褶皱，外缘为细细的粉色边，非常秀雅、精致，直立株型，可做适当修剪以使冠幅饱满，较为耐热。

茶美人
Charmay-Cocky

分组　马蹄纹天竺葵组群
花色　鲑红色
花形　重瓣

植株强健，直立，自然分枝性不好，成株可高达 40~50 厘米，需要适当修剪使冠幅丰满，花球大，生长迅速，健强，耐热，非常好养。

切尔西之星
Chelsea Star

分组　马蹄纹天竺葵组群/
　　　彩叶亚群
花色　粉白色
花形　重瓣

蝴蝶叶形的彩叶品种，少有的完全重瓣彩叶天竺葵，株型紧凑，自然分枝性好，不需要特别修剪，夏季不耐晒，需要适当遮阴才能度夏。

重彩安
Bold Ann

分组　马蹄纹天竺葵组群/
　　　矮生亚群
花色　红色
花形　半重瓣

半重瓣，花期早，花量大，株型圆润紧凑，株高 15~25 厘米，整株效果极佳，对于追求花量的爱好者来说，这个系列马蹄纹天竺葵是最佳选择之一。同系列重彩宝石（Bold Gem）、重彩小天使（Bold Cherub）都是十分出彩的品种，常作为天竺葵比赛的参赛必选品种。

夏日风暴
Summer Storm

分组　马蹄纹天竺葵组群/
　　　彩叶亚群
花色　白色花，花瓣有红
　　　色条纹或喷点
花形　单瓣

观赏价值较高的蝴蝶叶彩叶品种，叶片中央黄绿色，周围正常绿色，是花叶都出彩的品种，不太耐热。

苹果碗
Appleblossom

分组　马蹄纹天竺葵组群/
　　　特殊花亚群
花色　粉白色
花形　完全重瓣

作为我国第一款引进的玫瑰蕾花形的完全重瓣的马蹄纹天竺葵，其粉色的玫瑰般花球迅速迷倒爱好者，尽管它开标准花形要求较高，依然很受追捧。

朱红玫瑰蕾
Scarlet Rosebud

分组　马蹄纹天竺葵组群/
　　　特殊花亚群
花色　朱红色
花形　完全重瓣

较早引进的一款天竺葵，生长非常迅速，花蕾初开显色只有绿豆大小，但完全开放单花可达2厘米，花球大，圆润，春天花量大。

苹果花玫瑰花蕾
Appleblossom Rosebud

分组　马蹄纹天竺葵组群/
　　　特殊花型亚群
花色　白色花，粉色镶边
花形　完全重瓣

一款人气较高的古老玫瑰蕾天竺葵，白色花，粉色镶边在日照强烈时会越来越艳丽，植株直立，生长旺盛，成株可高达50~60厘米，植株越大，开花会越多，耐热。与彩叶品种金心叶快乐碗（Happy Appleblossom）花形花色一致，叶片中心为金色蝴蝶纹。

金心叶红碗
Summer Rose Tina

分组　马蹄纹天竺葵组群/
　　　特殊花型亚群
花色　红色
花形　完全重瓣,玫瑰蕾形

金心叶玫瑰蕾,株型直立,自然分枝性差,需要通过修剪来控制株型,花叶俱美的一个品种。

金脉叶红玫瑰
Bornhols

分组　马蹄纹天竺葵组群/
　　　特殊花型亚群
花色　艳红色
花形　玫瑰蕾形

特别的金色脉纹叶片,配上艳红色的玫瑰蕾花,显得特别华丽。老叶的金色脉纹容易褪去,天气炎热的夏季,金脉纹也会变得不明显。

洋红玫瑰蕾
Magenta Rosebud

分组　马蹄纹天竺葵组群/
　　　特殊花型亚群
花色　胭脂红色
花形　玫瑰蕾形

最容易开标准玫瑰蕾花形的品种。即便是夏季，不需要特殊管理，也可以开出很完美的玫瑰蕾花形的花球。植株直立，成株可达 50~60 厘米，可以通过修剪控制株型，是红色系玫瑰蕾形中最值得一试的品种，花径和花期都超越其他品种。

澳洲粉玫瑰
Australian Pink
Rosebud

分组　马蹄纹天竺葵组群/
　　　特殊花型亚群
花色　粉红色
花形　玫瑰蕾形

这个品种株型具半矮生性状，相对较紧凑，粉色的花球最大可以达 8~10 厘米，开粉色花玫瑰蕾最好养的一款了。

红色潘多拉
Red Pandora

分组　马蹄纹天竺葵组群/
　　　特殊花型亚群
花色　红色
花形　单瓣，郁金香花形

特别的半杯状花，形似郁金香，偶有平展开放，花量大，非常勤花，植株生长迅速，株型高大，自然分枝性较好，株型饱满，需要20~30厘米的较大花盆定植，郁金香花型中最容易养护的品种。

粉色潘多拉
Pink Pandora

分组　马蹄纹天竺葵组群/
　　　特殊花型亚群
花色　粉色
花形　单瓣，郁金香花形

特别的杯状花，形似郁金香，偶有平展开放，花色柔和，花量大，勤花，株型直立，较耐热。

康妮
Conny

分组　马蹄纹天竺葵组群/
　　　特殊花型亚群
花色　橘红色
花形　单瓣,郁金香花形

特别的杯状花，形似郁金香，偶有平展开放，颜色艳丽，植株紧凑，勤花，不耐热。

艾玛神父
Emma fr. Bengtsbo

分组　马蹄纹天竺葵组群/
　　　特殊花型亚群
花色　肉粉色
花形　半重瓣,郁金香花形

半重瓣郁金香，花色粉嫩，花量大，株型较好，较耐热，非常受欢迎的品种。

莫尔巴卡郁金香
Mårbacka Tulpan

分组　马蹄纹天竺葵组群/
　　　特殊花型亚群
花色　虾粉色
花形　半重瓣,郁金香花形

半重瓣，花瓣只能半开呈杯状，形似郁金香，植株整体抗逆性较差。

单瓣康乃馨 杜莎夫人
Madame Thibault

分组　马蹄纹天竺葵组群/
　　　特殊花型亚群
花色　白色
花形　单瓣,康乃馨花形

花瓣边缘开裂，上面 2 片花瓣有红色细纹，自然分枝性好，株型饱满，耐热。

康乃馨兰卡斯特
Lancastrian

分组　马蹄纹天竺葵组群/
　　　特殊花型亚群
花色　红色
花形　半重瓣,康乃馨花形

花瓣细碎开裂,好似康乃馨的化。株形高大直立,成株可高达 40~50 厘米,自然分枝性不好,可以通过修剪控制株型。

粉章鱼
Mrs Salter Bevis

分组　马蹄纹天竺葵组群/
　　　特殊花型亚群
花色　粉色
花形　重瓣,章鱼花形

花瓣细窄,略后翻,形似章鱼的触手,植株直立,紧凑,株高 25~35 厘米,勤花,多花品种。

梦中情人
Dream Lover

分组　马蹄纹天竺葵组群/ 手指花亚群
花色　浅鲑红
花形　半重瓣

半重瓣，矮生，花期早，花量大，叶色翠绿，叶片分裂，形似手掌，自然分枝性好，株型饱满。花色随季节和光照不同可能呈现从浅鲑红至胭脂红不同的色调。

龙卷风系列
Tornado

分组　盾叶天竺葵组群
花色　多色
花形　单瓣

用表现优秀的种子播种盾叶品种系列，枝条节间短，自然分枝性强，株型紧凑，生长成球形，鲜绿色常春藤形叶，叶片表面蜡质层明显，花色丰富，有白色、红色、玫红、洋红、紫红色、粉色、玫红双色、丁香紫及混色，花期长，花量大，耐热，抗雨，养护非常简单，新手入门的好选择。

夏雨系列
Summer Showers

分组　盾叶天竺葵组群
花色　多色
花形　单瓣

蔓性性状明显，叶片及单花比龙卷风系列大，枝条可以长达1米，非常勤花，花色有玫红、紫红、洋红、紫色、白色等，适合于吊篮组合，花期长，耐热，非常受欢迎的盾叶天竺葵品种。

北极红
Freestyle Arctic Red

分组　盾叶天竺葵组群
花色　复色：红色、白色
花形　重瓣

经典品种，节间紧凑，株型饱满，叶片深绿，较耐热，勤花，花量大。

洛蕾塔
Rouletta

分组　盾叶天竺葵组群
花色　复色:玫红色、白色
花形　半重瓣

人气品种，花瓣白色，边缘呈樱桃红色，叶片深褐色环状纹明显，长势旺盛，节间紧凑，勤花，花量很大，比较耐热，非常显眼。

月神
Freestyle White

分组　盾叶天竺葵组群
花色　白色
花形　半重瓣

经典品种，节间紧凑，株型饱满，叶片深绿，较耐热，勤花，花量大。

福尔摩斯玫瑰
Sybil Holmes

分组　盾叶天竺葵组群
花色　粉色
花形　完全重瓣

经典品种，节间紧凑，生长较为缓慢，粉色重瓣，花瓣背部白色，花形酷似小玫瑰。

白花彩叶垂天
L'Elegante

分组　盾叶天竺葵组群
花色　白色
花形　单瓣

英国古老品种，真正的常春藤叶的白花彩叶垂天，出彩的是叶片，色彩变化多端，时而金心叶，时而白色镶边，最漂亮的时候当是初春，白色镶边会逐渐变换一圈玫红色的彩环，白色单瓣的花，有时也有粉晕，叶片揉碎了有一种很淡的清香。

蓝女巫
Blue Sybil

分组　盾叶天竺葵组群
花色　紫色
花形　半重瓣

这个系列还有粉女巫（Pink Sybil）、红女巫（Red Sybil），同样都表现出色，自然分枝性强，节间短，株型紧凑，花期长，较为耐热，吊篮效果非常好，是非常受欢迎的系列。

夏日玫瑰丁香色
Summer Rose Lilac

分组　盾叶天竺葵组群
花色　紫丁香色
花形　重瓣

受欢迎的盾叶天竺葵品种之一，完全重瓣的小玫瑰花形，耐热品种，一年四季花开不断，株型饱满紧凑，长势旺盛，节间紧凑，特别适合吊盆、半壁盆。

夏日玫瑰红色
Summer Rose Red

分组　盾叶天竺葵组群
花色　红色
花形　重瓣

完全重瓣小玫瑰花形，花瓣正面红色，反面白色，有纸质感，也是多花勤花品种。

粉春天
Contessa Pink

分组　盾叶天竺葵组群
花色　粉色
花形　半重瓣

受欢迎的盾叶天竺葵品种之一，半重瓣，耐热品种，一年四季花开不断，长势旺盛，节间紧凑，花量超级大，抗病性好，耐热。

常见天竺葵品种

莉莉
Lilly

分组　盾叶天竺葵组群
花色　浅紫色
花形　半重瓣

半重瓣，生长迅速，耐热，抗病性好，易栽种，强健，花量也大，非常勤花，耐热，是非常受欢迎的品种。

黑魔法
Black Magic

分组　盾叶天竺葵组群
花色　暗红色、暗紫色
花形　半重瓣

颜色多变的品种，春季气温不高可以开出暗红、暗紫的颜色，夏季变红，也是很受欢迎的品种。

假日紫梦
Contessa Purple
Bicolor

分组　盾叶天竺葵组群
花色　复色：紫色、白色
花形　半重瓣

复色系的经典品种，很受欢迎，花量大，勤花，白色杂纹会随气温变化或多或少。

毕加索
Contessa Burgundy
Bicolor

分组　盾叶天竺葵组群
花色　复色：紫红色、白色
花形　半重瓣

复色系长势快的品种，颜色也会随季节变化，紫红色到紫色，耐热，容易种植。

汤米
Tommy

分组　盾叶天竺葵组群
花色　深黑红色,近黑色
花形　半重瓣

半重瓣,目前颜色深的天竺葵,春天开花接近黑色。长势强健,花量大,适合新手。

粉色旋转
Spinning Wheel

分组　盾叶天竺葵组群
花色　复色:白色带粉边
花形　重瓣

白色的花瓣外缘柔和的粉红色镶边,颜值高,枝条较长,可以做适当修剪,丰满株型,较耐热。

杰克
Jackie

分组　盾叶天竺葵组群
花色　白色
花形　重瓣

玫瑰花形的完全重瓣花，花量大，长势稍慢，花蕾太多时，要适当疏蕾，才能完美绽放，株型较为紧凑，自然成球，耐热。

墨西哥内利
Mexican Nealit

分组　盾叶天竺葵组群
花色　复色：玫红、白色
花形　重瓣

半重瓣，矮小紧凑，茎叶幼细，长势稍慢，花色迷人。

巨星
Grand Idols Red
Bicolor

分组　盾叶天竺葵组群
花色　复色：橘红、白色
花形　单瓣

叶色翠绿，质厚，节间紧凑，花色对比大，很醒目，长势稍慢，花量也大。

埃夫卡
Evka

分组　盾叶天竺葵组群/
　　　彩叶亚群
花色　玫红色
花形　单瓣

为数不多的彩叶亚群盾叶天竺葵，叶片外围有黄白色镶边，株型紧凑饱满，节间短，非常漂亮，耐热性稍差。

绿眼睛
Green Eyes

分组　盾叶天竺葵组群
花色　白色
花形　重瓣

层层叠叠的白色花瓣中，有明显绿芯，单花不大，但春、秋季花量大，叶片翠绿，革质，节间紧凑，盆栽株型饱满，枝条细长，最长可达 80~100 厘米，可做垂直绿化。

超重粉牧羊女
Deirdre

分组　盾叶天竺葵组群
花色　粉色
花形　重瓣

非常重瓣的玫瑰花形，花量很大，也很勤花，株型紧凑，自然分枝性好，耐热。

吉普赛女郎
Jips Raffles

分组　盾叶天竺葵组群
花色　白色
花形　重瓣

叶片翠绿，革质，马蹄纹明显，节间短，生长旺盛，枝条细软，一年可以长到近 1 米长，春季花量特别大，可以做花瀑。

杏女王
Apricot Queen

分组　盾叶天竺葵组群
花色　杏粉色
花形　重瓣

颜色非常柔和，花很秀气，花量大，枝条壮实，自然分枝性好，耐热。

深红宝石
Freestyle Ruby Red

分组　盾叶天竺葵组群
花色　红色
花形　重瓣

花瓣正浑红色，有天鹅绒一般的质感，株型紧凑，自然分枝性好，很容易养成花球的品种。

斑马李
Zeebra Lee

分组　盾叶天竺葵组群
花色　复色:粉色、白色
花形　重瓣

非常漂亮的一款复色花，完全重瓣的玫瑰花形，加上少女粉和白色的组合。生长强健，抗病性好，耐热，深受天迷喜爱。

豆蔻
Lavender Rosebud–
beautiful

分组　盾叶天竺葵组群
花色　香芋紫
花形　重瓣

叶色深绿，节间紧凑，株型饱满，花量大，勤花，较为耐热。

白雪公主
Snow White

分组　盾叶天竺葵组群
花色　白色
花形　重瓣

长势旺盛，枝条可以长达 60~80 厘米，非常勤花，能保持玫瑰花形较长时间，耐热。

迷你糖粉
Icing Sugar

分组　盾叶天竺葵组群/
　　　迷你亚群
花色　粉白色
花形　半重瓣

非常迷你，叶片只有1元硬币大小，叶片质厚，有蜡质光泽，节间仅有1~2厘米，单化1.5~2厘米，但花量非常大，成株只需要直径12厘米左右的盆种植。

金脉纹迷你蔓天
Laced Sugar Baby

分组　盾叶天竺葵组群/
　　　迷你亚群/彩叶
　　　亚群
花色　粉色
花形　半重瓣

叶片迷你，1元硬币大小，叶色嫩绿，有金色脉纹，花量大，植株紧凑，自然分枝性较好，花叶都是亮点，成株只需用直径12厘米大小的盆定植。

樱桃红康乃馨
Cerise Carn

分组 　盾叶天竺葵组群/
　　　　特殊花亚群
花色 　樱桃粉
花形 　半重瓣,康乃馨花形

特殊的康乃馨花形，樱桃粉的花瓣边缘有齿，嵌有少量红色条纹，生长强健，花量大，勤花。

康乃馨条纹蔓天
Jean Bart

分组 　盾叶天竺葵组群/
　　　　特殊花亚群
花色 　粉红色
花形 　半重瓣,康乃馨花形

特殊的康乃馨花形，粉红色的花瓣边缘有齿，嵌有少量红色条纹，勤花，花量大，耐热。

小红枫 '百年温哥华'
Vancouver Centennial

分组　马蹄纹天竺葵组群/
　　　星状花亚群
花色　橘红色
花形　单瓣

单瓣，古典彩叶品种。叶片的红色随光照条件而变化，如阳光充足，叶片几乎全部为红色。盛花期为春季。株型紧凑矮生，自然分枝性极好。

罗宾·汉娜
Robyn Hannah

分组　马蹄纹天竺葵组群/
　　　星状花亚群
花色　白色
花形　单瓣

白色的花瓣带有玫红色的条纹或斑块，植株直立，较为高大，株高 30~40 厘米，生长迅速，长势强健，不太耐热。

瑞典宝石
Swedish Gem

分组　马蹄纹天竺葵组群/
　　　星状花亚群 / 彩叶
　　　亚群
花色　复色:玫红色、白色
花形　单瓣

彩叶，叶片中央金色斑纹，花量大，很容易开成大花球，不太耐热。

艾莉森
Win Ellison

分组　马蹄纹天竺葵组群/
　　　星状花亚群
花色　粉色
花形　重瓣

粉色重瓣花，花量很大，生长迅速，节间紧凑，较为耐热，夏季也不断开花。

唐·奇弗顿
Don Chiverton

分组　马蹄纹天竺葵组群/
　　　星状花亚群
花色　粉色
花形　半重瓣

非常可爱的花形，上部花瓣较窄呈白色，下部花瓣较宽为红色，花量大，株型好，容易养护。

黄金女郎（R系）
Rushmoor Golden Girl

分组　马蹄纹天竺葵组群/
　　　星状花亚群 / 矮生
　　　亚群
花色　粉色
花形　半重瓣

矮生或迷你彩叶品种，漂亮的金色叶片在阳光充足时会呈现红铜色环带纹，1~2 年成株尺寸约 7 厘米（高）×12 厘米（冠幅），花量却不小，非常适合狭小空间摆放。不耐热。

帕特 · 汉娜
Pat Hannam

分组　马蹄纹天竺葵组群/
　　　星状花亚群
花色　白色
花形　半重瓣

英国天竺葵达人 Ken 推荐的参赛品种。良好的自然分枝力，紧凑圆润均衡的株型，大花径、大花量和养护容易是这个品种的突出特点。

金叶迷你枫
Gosbrook Robyn
Louise

分组　马蹄纹天竺葵组群/
　　　星状花亚群 / 矮生
　　　亚群

非常紧凑和矮生，成株高度只有 15~20 厘米，定植盆径只需要 12~15 厘米。易开花，花量较大，耐热性也不错。

珊瑚日落
Coral Sunset

分组　帝王天竺葵组群/
　　　大花天竺葵亚群
花色　珊瑚色
花形　单瓣

植株长势健壮，生长迅速，自然分枝性好，节间紧凑。春季花量大，颜色柔和，容易开成花球。耐热性一般，需低温春化。

茉莉
Jasmin

分组　帝王天竺葵组群/
　　　大花天竺葵亚群
花色　白色
花形　单瓣

白色小清新，纯白花瓣有羽毛状红纹，生长健壮，株型紧凑，春季花量大，密集。较耐热。

帝国
Inperial

分组　帝王天竺葵组群/
　　　大花天竺葵亚群
花色　紫红色
花形　单瓣

紫红色带白色边，春天花量极大，不需要春化就能开花，夏季和秋季都能少量开花，植株长势强健，生长迅速，非常受欢迎的品种。

穗边阿兹特克
Askham Fringed
Aztec

分组　帝王天竺葵组群/
　　　大花天竺葵亚群
花色　白色
花形　单瓣

白色花瓣有红色细纹，花瓣边缘有细小分裂，呈流苏状，自然分枝性极好，株型非常紧凑，具有矮生性状，生长稍慢。

双色玫瑰
Rose Bicdor

分组　帝王天竺葵组群/
　　　大花天竺葵亚群
花色　粉色
花形　单瓣

植株长势强健，生长迅速，节间紧凑，直立分枝性好，春季花量大，需低温春化。

南通天
Fanny Eden

分组　帝王天竺葵组群/
　　　大花天竺葵亚群
花色　粉色
花形　单瓣

花友在江苏南通找到的一个非常受欢迎的品种，浅粉色花瓣外缘有白色镶边，带褶皱，生长较为缓慢，春季花密集绽放，不太耐热。

托尼
E. Tony

分组　帝王天竺葵组群/
　　　大花天竺葵亚群
花色　粉色
花形　单瓣

皱瓣品种，单花花径 6~8 厘米，长势非常强健，且耐热性极好，适合用口径 20~30 厘米的盆定植，需低温春化。

丽江天

分组　帝王天竺葵组群/
　　　大花天竺葵亚群
花色　深粉色
花形　单瓣

花友在丽江找到的品种，生长快，长势强，植株高 40~60 厘米，自然分枝性好，春季花量大，容易出花球效果，非常受欢迎的品种。

樱桃宝贝
Cherry Baby

分组　帝王天竺葵组群/
　　　大花天竺葵亚群
花色　复色：红色、白色
花形　单瓣

非常受欢迎的品种，红白配的经典，花、叶片中等大小，长势强健，较耐热，需低温春化。

丽莎粉
Mona Lisa Pink

分组　帝王天竺葵组群/
　　　大花天竺葵亚群
花色　粉色
花形　单瓣

植株长势强健，生长迅速，春季花量大，很容易开成大花球。需低温春化，较耐热。同系类还有丽莎白（Mona Lisa White）。

夏洛特
Charlotte

分组　帝王天竺葵组群/
　　　大花天竺葵亚群
花色　白色
花形　单瓣

植株长势强健，生长迅速，春季花量大，花色清新，上面 2 枚白色花瓣有深粉色红晕。较耐热，需低温春化。

莫霍克
Mahawk

分组　帝王天竺葵组群/
　　　大花天竺葵亚群
花色　橘粉色
花形　单瓣

植株长势强健，生长迅速，春季花量大，白色花瓣上带橘粉色的斑点、斑块。需低温春化，较耐热。

红色美女
Red Beauty

分组　帝王天竺葵组群/
　　　大花天竺葵亚群
花色　酒红色，白色镶边
花形　单瓣

枝条较为细弱，生长缓慢，但春季花量大，花瓣天鹅绒质感，颜色华丽，耐热性一般。

粉色云朵（糖果天）
Pink Cloud

分组　帝王天竺葵组群/
　　　大花天竺葵亚群
花色　粉色
花形　单瓣

这种大花天竺葵的优点是花期长，花量大，不需要春化就能开花，在温度适合地区，可全年开放。花色是糖果天的佼佼者，花色清新，近年来非常受欢迎的新品种。

紫白天使之眼
Angeleyes Bicolor

分组　帝王天竺葵组群/
　　　天使天竺葵组群
花色　复色:紫色、白色
花形　单瓣

植株紧凑，自然分枝性好，生长迅速，花量大，容易开成花球，其紫白色的花深受喜爱。

酒红天使之眼
Angeleyes Burgundy Red

分组　帝王天竺葵组群/
　　　天使天竺葵亚群
花色　酒红色
花形　单瓣

植株长势快，自然分枝性好，枝条略微下垂，可以做吊盆栽培，单花和花量都很大，容易开成花球。

橙天使
Angeleyes Orange

分组　帝王天竺葵组群/
　　　天使天竺葵亚群
花色　橙色
花形　单瓣

株型较为高大、直立，自然分枝性略差，
要养成花球效果，需要多次修剪成形。颜
色艳丽，天使天竺群中少有的橙色品种。

玫红天使
Angeleyes

分组　帝王天竺葵组群/
　　　天使天竺葵亚群
花色　玫红色
花形　单瓣

株型紧凑，生长迅速，春季花量极大，很容易自然开成花球，较为耐热，适合新手入门种植。

童话兰花
Fairy Orchid

分组　帝王天竺葵组群/
　　　天使天竺葵亚群
花色　复色:玫红色、白色
花形　单瓣

非常漂亮的天使群品种，上部花瓣圆润，边缘分布糖果粉晕及羽毛状脉纹，下部的花瓣细长。株型紧凑，自然分枝良好。

黛比
Debbi

分组　帝王天竺葵组群/
　　　天使天竺葵亚群
花色　复色:深红色、白色
花形　单瓣

少有的花瓣有齿纹的品种，下面3枚花瓣白色，上面2枚大花瓣酒红色斑纹，春季大量开花，株型紧凑，自然分枝性好，较耐热。

完美(托克系列)
Quantock Perfection

分组　帝王天竺葵组群/
　　　天使天竺葵亚群
花色　红白色
花形　单瓣

托克（Quantock）系列是一组株型高大、长势强健的天使系列，多数为皱瓣品种。这个品种以有极其皱瓣的花形配以红白分明的花色为特点。该品种的长势强健，养护容易。分枝性一般，株型略松散，枝条较长时会下垂，可以做吊盆栽种。

五月(托克系列)
Quantock May

分组　帝王天竺葵组群/
　　　天使天竺葵亚群
花色　白色
花形　单瓣

托克系列之一，株型可高达 40~60 厘米，冠幅可达 60 厘米，生长强健，自然分枝性好，上面 2 枚白色花瓣带有粉色脉纹及粉晕，花形典雅。耐热性较好，需要低温春化，春季大量开花。

图书在版编目（CIP）数据

天竺葵初学者手册 / 新锐园艺工作室 组编 . —北京：中国农业出版社，2019.2

（扫码看视频·种花新手系列）

ISBN 978-7-109-24808-3

Ⅰ．①天… Ⅱ．①花… Ⅲ．①天竺葵-观赏园艺-手册 Ⅳ．①S682.1-62

中国版本图书馆CIP数据核字(2018)第250077号

中国农业出版社出版

（北京市朝阳区麦子店街18号楼）

（邮政编码100125）

责任编辑 郭晨茜 国 圆 孟令洋

北京通州皇家印刷厂印刷 新华书店北京发行所发行

2019年2月第1版 2019年2月北京第1次印刷

开本： 700mm×1000mm 1/16 印张： 10.25

字数：250 千字

定价：59.00 元

（凡本版图书出现印刷、装订错误，请向出版社发行部调换）